구부러진
과학에
진실의 망치를
두드리다

수의사 박상표가 남긴 이야기

구부러진 과학에 진실의 망치를 두드리다

수의사 박상표가 남긴 이야기

지은이 | 박상표
초판 1쇄 발행 | 2017년 1월 17일

펴낸곳 | 도서출판 따비
펴낸이 | 박성경
편 집 | 신수진
디자인 | 이수정

출판등록 | 2009년 5월 4일 제2010-000256호
주소 | 서울시 마포구 월드컵로28길 6 (성산동, 3층)
전화 | 02-326-3897
팩스 | 02-337-3897
메일 | tabibooks@hotmail.com
인쇄·제본 | 영신사

ISBN 978-89-98439-32-3 03500
값 15,800원

구부러진 과학에 진실의 망치를 두드리다

수의사 박상표가 남긴 이야기

따비

차례

3장 **조작**

| 책을 내며 |

오늘 우리가 든 촛불에는 박상표가 들고 있는 촛불도 있다

우석균(건강과대안 부대표, 보건의료단체연합 정책위원장)

2003년 12월, 전 세계 최대 쇠고기 수출국인 미국에서 광우병이 발생했다. 이는 곧바로 전 세계적으로 미국산 쇠고기에 대한 전면적인 수입 중단으로, 식품 안전을 위한 전 세계적인 투쟁으로 이어졌다. 그 한편에는 미국산 쇠고기를 다시 외국에 수출하기 위한 미국의 축산 자본과 정치인들이 있었고, 그 반대편에는 식품 안전을 지키려는 사람들이 있었다. 전 세계에서 미국산 쇠고기를 가장 많이 수입하는 나라 3위였던 한국에서 그 투쟁은 대중적인 투쟁이 되었다.

진실과 진심을 믿은 수의사, 인간과 동물을 보듬었던 수의사 박상표는 그 투쟁을 이끌었다. 그 투쟁은 아시아 전체는 물론 북미 대륙 전체에 영향을 끼쳐, 소 수입 및 식품 정책, 농장 동물 사육과 질병 예방 정책의 골격을 형성하는 투쟁이 되었다. 도대체 왜 이런 투쟁이 발생했는가? 광우병과 조류독감의 진실은 이 책에서 박상표가 온 힘을 다해 설파하는 주제이기에 이 책을 읽으면 잘 알 수 있다. 따라서 여기서는 간단하게만 짚고 가 보자.

광우병은 영국에서 먼저 시작되었다. 영국에서 소가 집단적으로 미치는 병, 즉 광우병 집단 발생은 1986년에 보고되었다. "사람에게는 옮기지 않는 걸까?"라는 당연한 의문이 퍼졌지만, 영국 정부는 안전하다고 했고 영국 농림부 장관이 자신의 딸과 햄버거를 먹기까지 했다. 그러나 결국 1993년 인간광우병vCJD(변종 크로이츠펠트-야콥병)에 걸린 사람이 처음으로 나왔다. 이 뉴스는 "제2차 세계대전 발발처럼 전 유럽에 보도되었다." 그만큼 충격이었다. 쇠고기를 먹고 사람이 죽다니…….

그런데 영국 정부는 최소한의 조치만 취했다. 근본적 규제는 우선 영국 축산 자본에 부담을 주고, 쇠고기 값을 올리면 노동자의 임금 인상으로 영국 전체 자본에게 부담이 되기 때문이었다. 결국 1990년대 후반부터는 소를 빨리 살찌우려 소에게 소를 먹이는 일을 금지하였다.(1단계, ruminant feedban) 그러나 여전히 집단 광우병이 계속 발생했다. 그다음 조치는 소에게 돼지, 닭을 못 먹게 한 것이었다.(2단계, SRM feedban) 그럼에도 광우병은 없어지지 않았다. 돼지나 닭 사료를 소가 먹었다고 추정되었다.(교차 감염) 결국 아예 소, 돼지 닭이 서로를 먹지 못하게 하고 나서야(동물성 사료를 추방하고 나서야), 즉 소를 완전히 원래대로 초식 동물로 되돌리고 나서야 광우병이 멈추었다.(3단계, animal feedban) 하지만 이미 영국에서만 163명의 인간광우병 환자가 발생하고 인간광우병 인자를 가진 잠복기로 추정되는 사람이 28만 명이라는 보고서가 나온 다음의 일이다.

이 모든 일을 보고 난 이후인 2003년 광우병이 발생한 미국의 대응은 달랐을까? 아니다. 오히려 더했다. 1단계 대응, 즉 소에게 소를 먹지 못하게 하는 조치는 1997년 시행했다. 그러나 그것으로 끝이었다. 2003년, 2005년, 2006년, 미국에서 광우병이 발생했다. 2003년, 미국은 돼지나 닭에게 소의 뇌와 척수(광우병위험물질이 약 90퍼센트가 모인 부위) 사료를 금지하다고 발표했다. 영국에서 이미 실패한 2단계 조치보다 한참 못 미치는 조치다. 이 조치조차 시행이 연기되었다. 이런 상황에서 미국산 쇠고기를 다시 수입하겠다고 한다면 당신은 가만히 있겠는가?

당연히 박상표는 가만히 있지 않았다. 2006년, 30개월령 미만의 뼈 없는 미국 소를 수입한다는 한국 정부의 발표 때 이를 반대하기 위한 국회 토론회 발표자로서 그를 처음 만났다. 그가 수의사로서의 전문성을 바탕으로, 소의 이빨을 통한 월령 감별의 부정확성을 말하는 것을 들었을 때(미국은 소 등록제를 시행하지 않아서 이빨로 대략적인 나이 감별만 가능하다.)의 그 놀라움을 나는 아직도 생생하게 기억한다. 2003년 미국에서 광우병이 발생한 이후 한쪽에서 미국의 움직임을 주시해 오던 나에게, 또 다른 쪽에서 이를 주시해 온 그와의 만남은 그야말로 기막힌 조우였다.

그와의 만남은 미국산 쇠고기 수입 반대와 관련한 것만으로 그치지 않았다. 그는 축산과 식품 안전 전반에 걸쳐 관심을 갖고 연구했다. 또한, 그는 단지 동물 자체에만 관심을 집중한 수의사가 아니었다. 아니, 수의사라고 한정짓기에는 이미 그는 너무 많은 분야에서 너무 많은 지식을 쌓아 놓고 있었고, 여전히 왕성한 지식욕을 가지고 있는 학자였다. 고전적인 의미에서의 '지식인' 혹은 '지성인'이라는 말을 쓰지 않으면 그를 표현할 수 없다. 인문지리학부터 한국의 역사까지, 그리고 식품이나 동물 전반에 걸친 지식을 백과사전처럼 머릿속에 저장해 넣고 다니는 사람과 같이 지내 본 적이 있는가. 그래서일까. 여전히 지인들은 일상생활 속에서 '박상표 선생이 있으면 이 문제는 바로 답을 할 텐데.'라는 느낌으로 그의 부재를 실감한다.

2006년부터 2008년까지 그는 쇠고기 문제를 포함해 식품 안전 문제를 주제로 하는 수많은 강연의 연사였고, 수많은 글의 기고자였다. 따라서 그는 2008년 촛불항쟁에서 쇠고기 수입 반대의 기본적인 이론을 뒷받침한 사람이었을 뿐만 아니라 중요한 조직자였다. 또한, 그는 2008년 촛불항쟁 때 거리의 연설가로서도 큰 역할을 했다. 이 투쟁은 이후 2011년 한미 FTA 반대 투쟁으로 이어졌다. 그때도 수많은 사람들이 광화문에서 촛불을 들었다.

그의 투쟁이 우리 사회를 변화시켰다면, 그 또한 투쟁 속에서 변화했다. 그는 그전에도 치열한 투사였지만, 쇠고기 수입 반대, 한미 FTA 반대 투쟁을 거치면서 더욱 단단하고 무시무시한 싸움꾼이 되어 갔다. 미국산 쇠고기에서 시작한 투쟁은 전반적인 식품 안전 문제로 뻗어 나갔다. 그에게 쇠고기 문제는 처음부터 카길을 중심으로 한 전 세계 자본, 이른바 농식품 초국적 자본의 문제였다. 따라서 그 초국적 농식품 자본의 종자 독점의 근거인 유전자 조작 식품GMO 문제는 일찍부터 그의 주된 관심사였다.

또한, 우리나라에서만 거의 유일하게 신종 플루라고 불린 '돼지 독감'의 문제도 그의 비판적인 시야 바깥으로 벗어날 수 없었고 벗어날 리도 없었다. 그는 신종 전염병이 주기적으로 세계를 위협하는 이유가 단지 세계화에 따른 이동의 확대만이 아니라, 밀집형 농축산 식품 때문임을 끈기 있게 설명했다. 예를 들어, 그는 신종 플루라고 부르는 것 자체가 돼지의 공장식 밀집 사육에서 유래한 인플루엔자의 문제를 은폐하다는 점을 간파하고, 신종 플루를 돼지 독감으로 부르자고 끝까지 주장했다. 만일 2016년 우리가 조류 독감을 AI라고 부르는 것을 알았다면, 그는 이를 한국의 닭의 밀집 사육을 은폐하는 용어라고 강력히 비판했을 것이다.

그의 관심은 식품 자본에 대한 비판만이 아니라 다른 자본으로까지 뻗어 나갔다. 그는 2008년 촛불항쟁으로 집중적인 탄압을 받은 〈PD 수첩〉 팀에게 '자료 대마왕'이라는 별칭까지 얻었는데, 이런 자료 탐색 능력을 바탕으로 한국에서는 처음으로 담배 자본에 부역한 청부 과학자들의 실명을 거론한 논문을 발표했다. 이 논문은 담배 자본만이 아니라 자본에 부역하는 청부 과학자들의 실명을 거론한 한국에서의 실질적인 첫 논문이다. 또한, 이 논문은 그의 관심사가 식품 분야만이 아니라 인간과 생태계의 건강을 둘러싼 모든 문제로 확장했음을 보여 준다.

그의 마지막 선택은 수의사로서의 생업을 접고 '건강과대안'의 상임 연구자로 직업을 바꾸었던 일이다. 그때까지도 운동가로 살아왔으나, 더욱 운동에 헌신하겠다며 전업 연구자 및 활동가의 길을 선택했다.

그를 생각하면 지인들이 떠올리는 단어들이 있다. 열정, 끈기, 전문성, 근거, 자료 추적자, 내부 고발자 등이 그것이다. 무엇보다 그는 열정적이었다. 특히 진실에 대한 열정은 거침이 없었다. 그는 발표하기 꺼려지는 부분도 결코 감추지 않았다. 일례로 "과연 한국의 쇠고기는 안전한가?"라는 피할 수 없는 질문이 제기된 적이 있었다. 한 토론회장에서 공동 발제자로 옆에 앉아 있던 그에게 직접 들어온 질문이었다. 그는 한국의 소도 사료 문제에서는 광우병으로부터 안전한지 알 수 없다고 분명히 말했다. 그는 이 문제를 분명히 해야만 한국의 농업도 발전할 수 있다고 믿었기에 그렇게 답한 것이다. 그는 이 문제를 농민 단체들이 주최한 한국사회포럼의 한 토론회 발제문에 넣었다가 주최 측의 삭제 요구를 받았다. 그는 물론 이를 거부하고 발제를 포기했다. 여전히 이 문제는 한국

농업의 취약점으로 남아 있다.

그는 진리에 대해서라면 매우 엄격했다. 모든 자료를 직접 확인했다. 2차 인용 자료로 넘어갈 만한 문제도 그는 끈질기게 원자료까지 확인했고, 영문 자료는 물론이고 중국어와 일본어 자료도 예외는 아니었다. 일례로, 타이완의 쇠고기 수입 현황을 찾고 그 나라의 운동까지 자료를 찾아서 사람들을 감탄시킨 것까지는 '박상표야 매번 그러니까.'라면서 사람들이 그러려니 했다. 그런데 그 뒤 그는 타이완에서 쇠고기 수입 문제로 운동이 벌어질 것이라는 이야기를 했다. 나를 포함해 대부분의 관련 연구자들은 '타이완 민중이 그렇게까지 할까?'라고 의문을 표했다. 그런데 웬걸. 얼마 후 실제로 타이완에서 미국산 쇠고기 수입 반대 시위가 벌어져 주위 사람들을 뻘쭘하게 만들었다.

그는 일본이나 대만, 중국 정도까지는 최소한 자신의 관심 분야에서는 항상 최신 정보를 알고 있었다. 이는 한편으로는 그의 근대 인문지리학에 대한 관심과 지식, 한문 실력에도 근거하지만, 다른 한편으로는 그의 국제적인 시야의 크기와 아시아 민중에 대한 믿음에 기인한 것이기도 하다.

한 시민 단체 회원이 2008년 촛불 이후 타이완에 다녀와서는, 타이완의 농업·식품 분야 정부 인사가 타이완 국민이 한국 국민에게 감사하고 있다고 전해 달라는 이야기를 해 주었다. 한국의 2008년 시위 때문에 타이완은 그 정도까지 안 하고도 미국의 쇠고기 수입 압력을 어느 정도 막아 낼 수 있었다는 내용이었다. 한국의 2008년 시위가 어디까지 영향을 끼쳤는지 알 수 있는 대목이면서, 박상표의 시야가 얼마나 정확한지 알 수 있는 이야기였다.

실제로 2008년의 시위는 미국의 농업 정책을 변화시켰다. 미국은 2003년의 미국 닭과 돼지에게 소의 뇌와 척수를 사료로 제공하는 것을 금지하는 입법 예고를 뒤늦게 2008년에 공표했다. 그리고 불완전하지만 한국도 30개월령 미만 쇠고기와 거의 대부분의 광우병 위험물질 금지를 성취할 수 있었고 이것이 전 세계 미국산 쇠고기의 수입 최대치로 공식화되었다. 또한, 이후 오바마 대통령은 미국산 소의 주저앉는 소 도축 금지를 실제화했다. (물론 여전히 미국은 전 세계에서 소에 대한 안전 규정이나 도축 규정의 규제가 가장 느슨하다.)

그의 진실에 대한 열정과 끈기, 엄격함은 종종 사회운동 단체들의 관행과 부딪치기도 했다. 위의 토론 발제문 삭제 건에서도 보이듯이 그는 사회운동 내의 잘못된 관행에 문제를 제기했고, 그 어떤 명망가도 그의 비판에서 자유롭지 못했다. 공부하지 않는 교수는 그 앞에서 망신을 당하기 일쑤였다. 특히 그의 모교가 정부 프로젝트를 가장 많이 받는 국립대학인 서울대학교라서 그의 모교 교수들 상당수가 그의 가장 날카로운 비판의 대상이었다. 그러나 그는 한국의 이른바 식자들이 가장 취약한 부분인 인맥과 학맥에서도 자유로웠다. 그가 그것으로부터 자유롭지 않았다면 한국의 2008년 촛불은 그토록 커지지 않았을 수도 있다.

그 어떤 것에도 거침없던 그는 진실을 두고서 많은 사람과 불화할 수밖에 없었다. 그렇지만 가까운 사람들과는 자신의 모든 것을 내줄 만큼 욕심이 없었고 헌신적이었다. 그는 자신을 위해서는 전혀 사치스럽지 않았다. 그의 옷은 멋을 내는 것과는 거리가 멀었고 그가 수의사로서 생계를 유지하던 동물병원은 청결했으나 인테리어는 전혀 꾸며 놓은 것이 없었다. 그가 그토록 많은 자료를 찾아냈던 컴퓨터는 도대체 몇 년이 된 것인지 알 수 없을 만큼 고물이었다. 나는 그의 동물병원을 찾아갈 때마다 저 컴퓨터에서 어떻게 그 많은 자료를 찾아내나 하고 생각할 정도였다.

그렇게도 자신을 위해서는 검소하고 여러 면에서 엄격하던 그가 건강과대안 상근 연구원으로 직책을 옮기려 했던 것이 그의 마지막 결정이었다. 자신의 수입이 줄 것을 알면서도 내린 결정이었다. 그리고 그것은 연구자·활동가로서 자신의 시간을 온전히 쓰겠다고 한 결정이었다. 그런 결정을 하라고 권유했던 당사자인 나로서는, 그렇게 자리를 옮기고 얼마 되지 않아 그에게 불행한 일이 일어났다는 것이 너무도 안타깝다.

그는 자신의 아이디를 민들레라는 뜻의 '댄들리온dandelion'을 썼다. 그는 민들레처럼 흔한, 그러나 주변을 아름답게 하는 사람이 되고 싶었는지 모른다. 그는 자가면역 질환의 하나인 건선을 매우 심한 형태로 앓고 있었지만 그의 병은 그의 열정을 손상시키지 못했다. 그는 그 주변의 사람들에게 아직도 그의 빈자리가 크게 느껴지는, 아주 굳건하고 강인한 소나무 같은 인상의 사람이었다.

그는 지금의 자본주의가 만들어 낸, 모든 동물과 사람이 포함된 이 생태계의 질병으로부터 우리를 지키려던 사람이었고 그렇게 하여 그는 필연적으로 반자본주의 운동가가 되었다. 그는 열정적인 운동가였다. 심지어 그가 사망한 지 1년 뒤, 제주도에 들어오려던 중국 썬얼 영리병원을 그가 찾아 놓은 자료로 막을 수 있었다. 지금도 우리는 그가 찾아 놓은 줄기세포 자료로 현재의 줄기세포 규제 완화의 문제점들을 짚어 나가고 있다.

아, 그는 민들레였을 수도 있겠다. 그가 민들레였다면, 그 홀씨는 지금도 우리 주변 곳곳에 있다. 또, 그 홀씨는 아주 멀리까지 갔다. 그 홀씨는 중국과 대만과 남중국해를 넘어 동남아시아 전체로, 그리고 태평양을 넘어 북미까지 날아가서 그곳에서 꽃을 피웠다고 할 수 있다. 그는 길지 않은 생에서 많은 것을 남기고 갔다. 그는 아름다운 인간이었다. 그가 여전히 그립다.

2016년 한 해가 저물어 가는 지금, 우리는 또다시 촛불을 들고 있다. 2008년 촛불부터 2011년 한미 FTA 반대 촛불, 그리고 지금까지의 촛불 투쟁은 박상표를 빼고는 생각할 수 없다. 오늘 우리가 든 촛불에는 박상표가 들고 있는 촛불도 있다.

| 추모의 글 |

'자료 대마왕' 박상표를 그리워하며

조능희(광우병 사태 당시 〈PD 수첩〉 CP, 전국언론노동조합 MBC 본부 위원장)

이명박근혜의 언론 탄압을 견디며 광우병 PD로, 또 노조위원장으로 사는 것이 힘들 때가 많다.

작년 4월, 새누리당의 압승이 예상되던 총선을 앞두고 나는 해고를 대비하고 있었다. MBC의 공정 방송을 위한 단체협상이 불발되어 중앙노동위 중재까지 거친 합법 파업이었지만, MBC는 이미 무법천지가 되어 있어서 안광한 사장이 무슨 짓을 벌일지 모르는 상태였다. 경영진은 최승호 PD와 박성제 기자를 해고하면서 "일단 증거가 없어도 해고한 후 나중에 소송에서 지면 받아준다." "회사는 소송 비용 상관하지 않는다." "최종심까지는 YTN처럼 최소 6~

7년은 걸린다."라는 방법을 썼다. 이른바 '백종문 녹취록'에서 폭로된 이런 경영 방식은 MBC 안에서는 공공연한 비밀이었다. 그러니 아무리 합법이라도 위원장인 내가 지명단독파업을 시작하는 것은 최소 6~7년간의 해고를 각오하는 일이었다.

그때 해고를 예상하면서 나에게 큰 스트레스가 있었는데, 그것은 MBC 서버에 저장되어 있는 내 이메일을 보존하는 것이었다. 회사가 사원들을 해킹한 2012년의 170일 파업 이전까지, MBC 메일은 검찰조차 압수할 수 없고 본인 외에는 볼 수 없는 대한민국에서 가장 안전한 메일이었다. 〈PD 수첩〉뿐 아니라 내가 만든 프로그램의 자료들은 MBC 메일로 주고받았기 때문에 MBC 서버에 모두 저장되어 있었다. 해고되면 그 자료가 몽땅 사라져 버릴 판이었다. 더구나 남아 있는 메일의 대부분은 박상표가 보내온 것이었다.

다른 메일들은 이미 방송된 프로그램에 이용되었으니 없어져도 큰 문제는 없었다. 그러나 박상표가 나에게 보내 준 자료들이 없어진다는 것은 상상할 수 없었다. 그가 유명을 달리하기 바로 이틀 전까지 보내온, 내가 답장도 못한 그 메일을 포함해, 박상표 특유의 정성과 통찰력으로 골라지고 정리된 수많은 자료와 논문, 게다가 그 광우병 자료를 내가 어떻게 잃을 수가 있단 말인가!

파업을 준비하면서 틈틈이 그의 메일을 복사하고 정리해 보려 했지만 되지 않았다. 일단 메일을 열면 그 메일에 얽힌 기억이 떠오르고 그를 그리워하다 보면 도무지 진도가 나가지 않았기 때문이다. 하는 수 없이 어느 일요일, 딸아이를 조합 사무실로 불러 하루 종일 복사시키고 용돈을 두둑하게 주는 방법을 쓸 수밖에 없었다.

한미 FTA 협상에서부터 2008년 〈PD 수첩〉 '긴급취재, 미국산 쇠고기 과연 광우병에서 안전한가?' 편의 방송을 거쳐 2011년 9월 대법원 무죄판결 후 2014년 1월 17일자 마지막 메일까지. 아마도 우리 〈PD 수첩〉 제작진이 그에게 받은 메일은 거의 1,000통에 이를 것이다. 토요일이나 일요일 밤 늦게라도 보내오는 자료를 보노라면, 휴일에도 일하는 그의 열정에 우리는 감격하고는 했다.

정치 검찰에 맞서 기나긴 형사 재판을 하는 동안 우리 〈PD 수첩〉 제작진이 조·중·동의 왜곡 기사와 관변 어용 의사와 수의사, 그리고 영혼 없는 공무원들의 얼토당토않은 주장을 법정에서 묵사발 낼 수 있었던 것은 거의 박상표 덕분이었다. 그가 전 세계에서 찾아낸 자료로 무장한 우리는 아무것도 두려울 것이 없었다. 피고인석에서 우리가 검찰 측 증인들의 곤혹스러운 표정을 내심 경멸적으로 감상할 수 있었던 것도 모두 박상표 덕분이었다. 우리는 그래서 박상표를 '자료 대마왕'이라고 불렀다.

박상표가 떠난 지 어언 3년. 세월이 흘러도 여전히 그가 그립다. 이 와중에 그의 글이 정리되어 책으로 나오니, 그의 얼굴을 다시 보는 것처럼 매우 반갑다. 책으로 엮기까지 수고해 준 여러분께 감사드린다. 또한, 그가 활동했던 '연구공동체 건강과대안'의 회원들께도 심심한 위로와 감사의 말씀을 전한다.

촛불이 요즈음 다시 한 번 세상을 변화시키고 있다. 박상표의 웃는 얼굴이 떠오른다. 부디 편히 쉬기를. 우리가 다시 만날 때까지.

| 추모시 |

박상표에게

송기호

이글이글 뜨는 아침 해처럼, 어둠을 밝히던 사람, 어디에 있나요?
넘어지고, 쓰러져도, 또다시 일어나던 사람, 어디에 있나요?

들어 봐요.
귀 기울여 봐요.

거리와 광장에서 환희의 함성이 들려요.
만인의 혀와 입술을 타고 나와,
당신의 기쁜 목소리가 들려요.

어서 눈을 떠요.
크게 뜨고 봐요 .

사람들의 빛나는 발걸음을 봐요.
억압과 착취에 맞선 아침 해 같은 얼굴들을 봐요.
이름 없는 사람들의 심장을 끓게 하는 당신의 분노를 봐요.

일어나요.
근육에 힘을 주고 뼈를 움직여 봐요.

가진 것 없는 사람들의 질주에 같이 달려요.
당신이 평생 흘렸던 땀과 눈물로 파도처럼 달려요.
사람들마다 내미는 손을 같이 잡고 심장이 터질 만큼 뛰어요.

이제는 웃어요.
마음 놓고 웃어요.

당신이 남긴 연구와 분석은 동토에 묻히지 않았으니까요.
차디찬 컴퓨터의 금속 찌꺼기로 갇히지 않았으니까요.

그러니 안심하고 웃어요.
그러니 편안하게 웃어요.

1장

광우병

누가 '과학'이라는 허울을 쓰고 괴담을 퍼뜨리는가

지금 한국 사회에는 '과학'이라는 신비한 주문이 유행하고 있다. 이 기괴한 주문은 신자유주의라는 종교를 신봉하는 광신도들에 의해 전염병처럼 퍼지고 있다. 신자유주의 광신도들은 세상의 모든 것을 돈으로 환산하여 거래의 대상으로 삼지 못해 안달이다. 신자유주의를 신봉하는 광신도들은 우리가 늘 숨 쉬는 공기며 날마다 마시는 물마저도 상품으로 만들었다. 그것도 모자라 가족의 행복, 인간의 가치, 식품의 안전까지도 값을 매겨 상품으로 거래하고자 한다. 신자유주의자들은 이윤을 최고의 가치로 여기고 있다. 이들에게 세계 각국 민중이나 시민의 건강과 안전은 그저 비관세 장벽에 불과하다. 이들은 '과학'이라는 신비한 주문을 비관세 장벽을 무너뜨리는 강력한 무기로 사용하고 있다. 종교와 마법이 지배하던 봉건 사회를 붕괴시키고 근대 사회를 태동시켰던 과학이, 이제는 거꾸로 신자유주의 무역을 옹호하는 종교와 마법으로 전락하고 말았다.

세계화와 자유화의 기치 아래 신자유주의를 세계 곳곳에 퍼뜨리고 있는 미국이 '과학'이라는 신비한 주문을 어떻게 사용하고 있는지 구체적으로 살펴보자.

미국의 축산업자, 미국 의회, 미국 농무부, 미국 무역통상대표부USTR는 한미 FTA 협상 타결을 위해 미국산 쇠고기의 수입을 전면 개방해야 한다고 무지막지한 압력을 행사했다. 이들에게 압력을 행사할 수 있는 그럴듯한 논리를 제공한 것은 타이슨 푸드Tyson Food, 카길Cargill 등 초국적 농식품 독점 기업들이었다. 초국적 농식품 독점 기업들은 "미국산 쇠고기는 '과학'적으로 안전하다."라고 주장했다. 이어서 "과학적 토대의 기준은 국제수역사무국OIE에서 만들어 낸 기준이어야 한다."라고 덧붙였다. "국제수역사무국은 세계적인 전문가들이 '과학'적인 기준에 따라 광우병의 위험 정도를 판정하는 권위 있는 국제기구"이기 때문이라는 것이다.

그런데 신비하게도 이 주문은 바이러스 감염보다도 빠르게 한국 농림부와 수구 언론, 그리고 정치권으로 전염되었다. 농림부가 미국의 주장에 동조하는 바람잡이 역할을 하자, 조·중·동이 똑같은 말을 되풀이하며 맞장구쳤다. 이에 질세라 노무현 대통령을 축으로 FTA 대연정을 맺은 한나라당과 열린우리당이 이들을 거들고 나섰다.

그런데 이들이 사용한 "과학적·세계적 전문가, 국제적인 권위"라는 주문은 어디선가 많이 들어 본 적이 있다는 느낌을 지울 수 없다. 그렇다. 바로 이 주문은 황우석 사태 때 마약처럼 엄청난 약효를 발휘한 적이 있다. 청와대와 국회를 비롯한 정치권과 정부의 고위 관료, 과학계의 원로, 조·중·동을 비롯한 언론은 "줄기세포 연구로 명망이 있는 '세계적 전문가'들과 '국제적인 권위'가 있는 과학 잡지《사이언스》가 인정한 황우석 교수의 '과학적' 논문을 일부 언론의 보도로 재검증한다는 것은 말이 되지 않는다."라며 국민을 선동했다. 이 선동은 한동안 한국 사회의 건전한 이성을 마비시켰다. 이에 따라 과학적 진실이 영원히 땅속에 파묻힐 위기에 빠지기도 했다.

이 과정에서 기존의 과학계와 전문가들은 침묵으로 일관하거나 오히려 황우석 교수를 두둔하며 과학적 진실을 외면했다. 그뿐 아니라 이들은 과학자와 전문가들이 객관적이고, 이성적이며, 합리적인 판단을 하기 때문에 신뢰할 수 있다는 대중적 편견을 교묘하게 이용하기도 했다.

'과학'이라는 말에 든 대중적 편견을 이용한 권력자들

권력자들은 '과학'이라는 말에 대한 대중적 편견을 이용하는 것을 즐긴다. 영국에서 처음으로 광우병이 확인된 것은 1986년이다. 대중은 미친 소를 사람이 먹는 것은 위험하다는 것을 직감적으로 깨닫고, 영국 정부에 과학적 진실을 밝혀 줄 것을 요구했다. 하지만 영국 정부는 1986년부터 1996년까지 무려 10년 동안이나 "광우병이 인체에 전염된다는 '과학'적 증거는 없으며, 광우병은 인체에 어떠한 위험도 주지 않을 것이다. 그러므로 쇠고기를 먹는 것은 안전하다."라고 주장했다. 영국 정부에게는 국민의 안전보다 쇠고기 산업의 몰락이 가져올 경기 침체가 더욱 두려웠기 때문에 고의로 대중을 기만한 것이다.

더욱 악의적인 것은 영국 정부가 광우병 전문가 자문위원회SEAC에 압력을 가해 소위 '전문가'들이 "쇠고기가 과학적으로 안전하다."라는 홍보를 하도록 강요했다는 사실이다. 물론 전문가들이 이러한 잘못된 홍보에 동원된 과정의 막후에는 쇠고기 산업의 검은 로비가 있었다. 그뿐이 아니다. 1990년 5월에는 존 검머John Gummer 농림부 장관이 자신의 어린 딸과 함께 BBC 방송에 출연하여 쇠고기가 안전하다며 직접 햄버거를 먹는 쇼까지 연출했다. 존 검머는 TV에서 "광우병이 동물에게서 인간에게로 전파된다는 증거는 세계 어디에도 없습니다. 참조할 수 있는 모든 '과학'적 증거들에 비추어 볼 때 쇠고기는 안전합니다."라고 떠벌렸다. 수의학 담당 부국장 케빈 테일러도 1993년 5월 9일자 《데일리 텔레그래프》를 통하여 광우병과 크로이츠펠트-야콥병CJD이 관련이 있다는 일부 주장을 공개적으로 비판하였다. 더욱 가관이었던 것은, 인간광우병으로 사람들이 죽어 가는 상황 속에서 보건부 장관이 1996년 1월 26일 "광우병이 인간광우병vCJD(변종 크로이츠펠트-야콥병)을 일으킨다는 증거가 없다."라는 뻔뻔스러운 기자회견을 했다는 사실이다. 그러나 이러한 대국민 사기극은 아이러니하게도 1996년 3월 16일 "젊은 사람에게 인간광우병이 발병한 것은 광우병 쇠고기를 먹은 것 때문"이라는 '과학'적 사실을 영국 정부가 공식적으로 인정함으로써 막을 내렸다.

영국 정부뿐만 아니라 미국 정부도 과학이라는 말을 주술처럼 사용했다. 미국의 광우병 발생으로 인해 한국 정부가 2003년 12월 24일자로 미국산 쇠고기 수입 중단 조치를 내리자, 미국은 곧바로 '과학'이라는 주문을 사용하여 쇠고기 수입 중단을 해제하라는 압력을 가했다. 2003년 12월 30일, 데이비드 헤그우드 미 농무부 장관 특별보좌관, 찰스 램버트 마케팅 및 규제 담당 차관보, 로버트 타나카 동식물검역소APHIS 도쿄 지역국장 등 미국 농무부의 고위 관리들이 전격적으로 한국을 방문했다. 이들은 "미국산 쇠고기 수입 금지 조치는 과학적인 근거를 판단 기준으로 삼아야" 하며, "과학적 토대의 기준은 국제수역사무국에서 만들어 낸 기준이어야 한다."라고 주장했다.

미국의 초국적 농식품 기업이 주장하는 '과학'이란 무엇일까?

'과학적scientific'이라는 말은 세계무역기구WTO 위생검역협정SPS에도 반복적으로 등장하고 있으며, 국제수역사무국도 이 단어를 반복해서 사용하고 있다. 또한, 미국 축산업자들과 타이슨 푸드, 카길 등 초국적 농식품 독점 기업들도 이 말을 애용하고 있다. 그러나 이들은 전 세계적으로 30개월령 미만의 소에서 100건 이상의 광우병이 발생했다든지, 미국의 사료 정책이나 광우병 검사 방식에 허점이 많다든지, 살코기와 혈액에서도 광우병 원인 물질이 검출되었다는 새로운 연구 결과는 결코 '과학'적 사실로 받아들이지 않고 있다. 그렇다면 이들이 말하는 과학적 기준이란 무엇일까?

원래 과학科學, science이라는 말은 "(어떤 사물에 대해) 안다."라는 뜻을 가진 라틴어 'scire'에서 유래했다. '사이언스science'라는 영어를 과학科學으로 처음 번역한 사람은 후쿠자와 유키치福澤諭吉와 니시 아마네西周였다. 후쿠자와 유키치는 《학문의 권유學問のすすめ》(1872년 초판 간행)에서 '일과일학一科一學'이라는 말을 사용했다. 니시 아마네는 메이지明治 6년에 창간된 《메이로쿠잣시明六雜誌》에 〈지설知說〉이라는 글을 연재했는데, 1874년(메이지 7)에 '과학科學'이라는 번역어를 사용한 글을 남겼다. '과학科學'의 '과科'는 원래 분과된 학문 분야의 영역을 의미하는 것이었다. 이 말은 1881년(메이지 14) 이노우에 데쓰지로井上哲次郎가 일본 최초의 철학용어사전인

《철학자휘哲學字彙》를 펴내면서 '사이언스science'의 번역어로 채택하면서 널리 사용하게 되었다. 메이지 시기 일본에서 만들어진 번역어들은 일상적으로 사용하지 않던 어휘나 과거에는 쓰였으나 당대에는 쓰이지 않은 사어死語를 많이 도입했다. 후쿠자와 유키치나 니시 아마네 같은 일본 지식인들은 번역어에 더욱 색다르고 새롭다는 상징을 부여하기 위해 고의적으로 어휘를 변형시켰다. '과학'이라는 번역어도 그러한 어휘 중의 하나이며, 한국에 수입되어 사용되면서 더욱 주술적인 효과를 발휘할 수 있게 되었다.

주술사들이 자신이 지껄이는 주문이 무슨 뜻인지 모르는 것처럼, 아마도 미국의 초국적 농식품 독점 기업들은 자신들이 말하는 과학이 무엇인지 납득할 만한 설명을 내놓지 못할 것이다. 사실 WTO 위생검역협정, 국제수역사무국 규정, 한미 FTA 협정문 어디에도 '과학'이라는 말에 대한 개념 규정이 전혀 없다. 실제로 과학이라는 말은 사람들에 따라 서로 다르게 규정되고 있는 애매모호한 용어라고 할 수 있다. 자연과학, 인문과학, 사회과학 등의 분야에서 연구 활동을 하고 있는 학자들도 "과학이란 무엇인가?"라는 물음에 다양한 답을 제시하고 있다.

토마스 쿤은 패러다임이라는 틀을 사용하여 과학혁명을 설명했으며, 칼 포퍼는 과학은 이제까지 아무도 반증을 하지 못한 확고한 경험적 사실을 근거로 한 보편성과 객관성이 인정되는 지식의 체계라고 주장했다.

그러나 초국적 농식품 독점 기업, 미국 정부, 한국 정부가 말하는 '과학'이라는 주술은 이런 개념 규정과 아무런 상관이 없는 것 같다. 국제수역사무국은 30개월령 미만의 뼈를 발라낸 살코기는 광우병 위험으로부터 안전하기 때문에 자유로운 교역을 허용하는 규정을 정했다. 이 규정이 과학적 규정으로 성립되기 위해서는 반증의 원칙에 따라 30개월령 미만의 소에서 광우병이 발생한 사실이 없어야만 한다. 그런데 영국, 일본 등에서 광우병 검사를 실시해 본 결과, 20개월령에서 30개월령 사이의 소에서 100건 이상의 광우병이 발생한 사실이 확인되었다. 그렇다면 최소한 국제수역사무국은 교역 기준을 20개월령 미만으로 낮추어야 '과학적'이라는 평가를 받을 수 있지 않을까?

편견과 무지가 '과학'으로 포장된 몇 가지 역사적 사례

역사는 영원히 변하지 않는 과학적 진리는 없다는 사실을 보여주고 있다. 르네상스 시대의 위대한 과학자이자 예술가였던 레오나르도 다 빈치는 1492년에 〈남성과 여성의 성교 단면도〉를 그렸다. 그는 해부 경험을 바탕으로 정교하게 단면도를 그렸다. 이 해부도를 보면 남성의 정액은 뇌에서 등뼈 속에 들어 있는 척수를 거쳐 페니스로 전달되고 있다. 그리고 여성의 자궁에서 젖꼭지로 연결되는 도관이 그려져 있다. 이러한 해부도는 아리스토텔레스로부터 내려온 유럽의 과학적 전통을 반영한 것이다. 당시 유럽 사람들은 고환이 아닌 척수가 정액의 공급원이라고 믿었으며, 젖이 월경 혈액에서 만들어진다고 생각했기 때문에 수유하는 여성은 생리를 하지 않는다고 생각했다.

또한, 1889년에 발견된 고대 이집트의 카훈Kahûn 파피루스에는 '돌아다니는 자궁'이라는 항목이 있다. 고대인들은 자궁은 성교나 임신으로 만족되지 않으면 골반강의 깊숙한 자리를 이탈해 몸속을 돌아다니며 부인병을 일으킨다는 잘못된 믿음을 가지고 있었다. 이러한 엉터리 믿음은 히포크라테스에서 프로이트까지 이어져 '히스테리'라는 질병을 만들어 내기도 했다. 히스테리는 자궁을 의미하는 히스테라hystera에서 파생된 말이다.

남성과 여성의 성 기관에 대한 잘못된 믿음은 다 빈치 이후로도 오랫동안 세상을 지배했다. 근대 해부학의 창시자로 추앙받고 있는 베살리우스는 1543년에 출간한 《인체의 구조》 맨 앞 장에 "우주의 중심에 놓여 있는 것은 태양이 아니다. 세계는 지구 중심도 천구 중심도 아닌 자궁 중심으로 움직인다. 우리는 자궁에서 태어났다."라는 글을 썼다. 그러나 그는 자궁을 직접 관찰했음에도 불구하고 《인체의 구조》에 심하게 왜곡된 자궁 해부도를 실었다. 게다가 베살리우스는 고대로부터 이어져 내려오는 관념에서 벗어나지 못하여, 여자가 임신하면 월경혈이 혈관을 통해 유방으로 가서 젖이 나온다고 생각했다.

근대에 들어 자궁과 난소, 나팔관 등의 기능이 알려진 이후까지 오랫동안 해부학과 생리학에서 여성의 생식기는 남성들의 편견과 무지에 의해 잘못 그려졌다. 아무리 관찰과 해부를 많이 경험했다고 하더라도 잘못된 패러다임에 근거하고 있다면 객관적 사실을 똑바로 보기 힘들었다.

신체에 관한 편견과 무지가 과학이라는 이름으로 포장된 사례는 우리나라의 역사 속에서도 확인할 수 있다. 의성醫聖으로 추앙받고 있는 허준은 엉터리 과학적 내용을 버젓이 《동의보감東醫寶鑑》에 기록했다. 허준은 1608년(선조 41)에 편찬한 산부인과 계통의 의서인 《언해태산집요諺解胎産集要》와 1610년(광해군 2)에 편찬한 《동의보감東醫寶鑑》에서 전녀위남법轉女爲男法을 소개했다. 전녀위남법이란 여자아이를 남자아이로 바꾸는 방법이라는 뜻이다. 현대 과학은 임신 초기 태아의 성별은 유전적으로 결정된다는 사실을 밝혀냈다. 남자와 여자를 결정하는 유전자는 X염색체와 Y염색체로 불리는 성염색체다. XX는 여자가 되고, XY는 남자가 된다는 사실쯤은 누구나 다 아는 상식이 된 지 오래다. 태아는 정자와 난자가 만나 만들어진 수정란이 자란 것이다. 유전자가 결정되어 남자와 여자의 성별이 결정된 이후에는 어떠한 약이나 방술에 의해서도 유전자를 바꿀 수 없다. 그럼에도 불구하고 허준은 "임신 3개월째는 시태始胎라고 하는데, 혈맥이 흐르지 않고, 형상이 비로소 화化하는 때이니 남녀가 아직 정해지지 않은 때이므로 약을 복약하거나 방술方術에 의해 남태男胎로 전환할 수 있다."라고 기록했다. 허준은 조선과 중국에서 당시까지의 과학적 사실이라고 철

석같이 믿고 있던 내용을 충실하게 기록한 것이다.

사전 예방의 원칙 대 실질적 동등성의 원칙, 무엇을 선택할 것인가?

현대 과학은 아직까지 핵폐기물, 식품 첨가물, 유전자 조작 식품GMO, 항생제와 중금속 잔류 등의 문제에서 "얼마나 안전해야 충분히 안전한 것인가?"라는 질문에 과학적인 해답을 내놓지 못하고 있다. 세계무역기구와 국제수역사무국에서 과학적 방법으로 실시했다는 위험 평가는 보험과 소송에서 사용하는 '비용 편익 분석'을 인간의 건강과 환경 문제에 도입한 것이다. 이 방법은 기업들이 사용하는 단순한 손익계정을 응용한 것이다. 과연 자연환경, 인간의 삶, 건강 등을 수치로 환산하고 돈으로 계산하여 위험을 평가하는 것이 과학적이라고 할 수 있을까?

미국은 GMO의 단백질, 지방, 탄수화물, 비타민, 무기물질 등 구성 성분과 함량이 일반 농산물로 만든 식품과 차이가 없기 때문에 실질적 동등성substantial equivalence의 원칙에 의해 안전하다고 주장하고 있다. 반면, 유럽연합, 일본 등의 국가와 소비자 단체는 사전 예방의 원칙precautionary principle에 따라 GMO가 인간, 동물 및 환경에 위해성이 없다는 광범위한 증거가 확보될 때까지는 상업화가 허용되어서는 안 된다는 입장이다. 사전 예방의 원칙은 식품 안전 및 동식물 보건에서 '안전 우선'을 지향하는 원칙으로서, 상품 교역을 할 때 인체, 동식물 및 환경에 유해하다고 추정되는 경우, 피해가능성을 입증할 수 있는 과학적 증거가 불충분하거나 불확실하더라도 임시적으로 보다 높은 강도의 보호 조치를 채택할 수 있도록 하는 것이다. 실질적 동등성의 원칙과 사전 예방의 원칙 중에서 어느 것을 과학적 원칙으로 채택하느냐에 따라 정반대의 결론이 나게 된다.

광우병이 널리 퍼지게 된 결정적 원인 중 하나는 실질적 동등성의 원칙이라는 과학적 입장에 있었다고 생각한다. 이윤에 눈이 먼 축산업자들은 초식 동물인 소에게 소의 시체를 갈아서 만든 육골분肉骨粉 사료를 먹였다. 육골분 사료는 렌더링rendering이라고 불리는 '과학'적 정제 과정을 거쳤다. 렌더링은 폐기물로 버려야 할 병든 동물의 사체와 음식물 쓰레기 등을 모아서 높은 열과 압력을 가해 단백질, 지방, 탄수화물 성분을 추출해 내는 것을 우아하게 부르는 용어다. 렌더링 공장의 주변은 구역질나는 고약한 냄새와 더러운 물로 오염되어 있었다. 당연히 렌더링 공장 주변에 사는 시민들은 고통을 참지 못하여 정부와 기업에 대책 마련을 촉구하며 항의했다. 그러나 정부와 산업계는 시민들의 항의가 과학적 근거가 불충분하다며 묵살해 버렸다. 만일 영국 정부와 미국 정부가 렌더링 공장의 악취에 항의하는 시민들의 항의에 귀를 기울여 시체와 쓰레기로 육골분 사료를 만드는 것을 중단시켰다면 광우병 위험은 그만큼 줄어들었을 것이다. 지금까지도 미국 정부와 산업계는 "렌더링 공장이 악취와 오수를 과학적으로 정화하고 있으며, 렌더링 과정은 사료를 생산하는 과학적인 방법"이라고 주장하고 있다. 따라서 소의 시체로 여전히 육골분 사료를 만들고 있으며, 이 육골분 사료를 돼지, 닭, 칠면조, 개에게 먹이도록 허용하고 있다. 그리고 돼지, 닭, 칠면조, 개의 시체는 다시 렌더링이라는 과학적 과정을 거쳐 소에게 먹일 육골분 사료로 가공된다. 이것이 바로 미국식 과학의 적나라한 모습이라고 할 수 있다. 심지어 국제수역사무국의 전문가들도 이러한 방식은 필연적으로 교차 오염을 일으켜 광우병이 발생할 수 있다고 경고하고 있다.

'과학'이 주술로 전락한 상황을 언제까지 방관만 하고 있을 것인가

미국식 과학에서 기본 입장으로 채택하고 있는 실질적 동등성의 원칙은 생산자의 경제적 이익을 대변하여 GMO, 농약, 방부제 등의 유해성을 수입국과 소비자가 입증하도록 요구하고 있다. 쉽게 말해 위험하다는 과학적 증거가 확실히 나타나기 전까지는 기업의 이윤을 최대한 보장해야 하며, 소비자들은 그냥 기업이 파는 대로 사 먹어야 한다는 논리다.

그러나 소비자와 시민 단체가 기본 입장으로 채택하고 있는 사전 예방의 원칙에서는 GMO, 농약, 방부제 등의 제품은 사전적으로 유해한 물질로 간주되므로 생산업자나 판매업자가 과학적 증거를 통하여 제품의 무해성을 확실히 입증하기 전까지는 그 제품에 대한 판매 및 사용을 법적으로 금지할 수 있다. 다시 말해, 소비자의 건강과 안전을 지키기 위해서 기업이 자신이 파는 제품이 안전하다는 것을 과학적으로 확실히 증명해야만 그 제품을 판매할 수 있다는 주장이다.

국민의 건강과 식품 안전을 지키기 위한 목적이라면 이 두 가지 방법 중에서 과연 어느 쪽이 과학적이라고 할 수 있을까? 과학은 이제 주술에서 벗어나야 하며, 일부 독점 기업의 이윤을 대변하는 시녀 노릇을 그만두어야 한다. 우리는 황우석 사태를 통하여 과학계, 정치계, 정부, 그리고 언론이 서로 유착하여 국민의 눈과 귀를 막는 것이 얼마나 위험한 결과를 초래하는지 똑똑히 배웠다. 그런데 또다시 '과학'이라는 허울을 쓰고 한미 FTA 협상 타결에 급급해 광우병 위험으로부터 안전하지 않은 미국산 쇠고기의 수입을 전면적으로 개방하려고 시도하고 있다. 최근 민주노동당 강기갑 의원은 농림부 가축방역과와 국립수의과학검역원 검역검사과에서 작성한 《제73차 국제수역사무국 총회 결과보고》를 입수하여 공개했다. 이 보고서에 따르면, 2005년 5월 22일부터 프랑스 파리에서 열린 국제수역사무국 총회에서 우리 정부 대표단은 국제수역사무국의 광우병 관련 기준 개정과 관련하여 일본 및 대만 측과 회동을 갖고 "우리 측은 '살코기(골격근육)' '혈액 제품'에 광우병BSE: bovine spongiform encephalopathy 원인체가 오염되어 있을 가능성을 배제할 수 없음에도 안전 제품으로 분류하는 것은 불합리함을 지적하고 양국의 의견을 문의한 바, 양측 모두 우리 의견에 동의"했음을 밝히고 있다. 또한, 보고서에서는 "총회에서의 논의 대응 방식과 관련, 일본이 먼저 이의를 제기하고 한국·대만이 지지 의견을 밝히는 등 3국이 역할을 분담하여 대응키로 함"이라며 구체적인 방침까지 결정해서 대응한 사실을 기록하기도 했다. 그러나 우리 국민은 이러한 사실을 새까맣게 모르고 있었다. 뿐만 아니라, 정부는 자신이 국제수역사무국에서 발표했던 내용과 똑같은 주장을 하는 시민 단체에게 '괴담'을 퍼뜨리고 있다며 부도덕한 공격을 했다.

정부는 강기갑 의원이 공개한 문건을 보고서도 정부와 시민 단체 중에서 누가 괴담을 퍼뜨리고 있는지 모르는 건지 되묻고 싶다. 아울러 한국의 과학계와 전문가 집단에게 묻는다. '과학'이라는 말이 '주술'로 전락한 지금의 상황을 언제까지 방관만 하고 있을 것인가?

— 《인물과 사상》, 2007년 6월호

〈PD 수첩〉이 아니라, 허위 사실 유포한 농림수산식품부가 검찰 수사 대상 돼야

강물이 말라 없는데 배를 띄우려는 2MB 정부

《서경書痙》에는 "강물이 말라서 없는데 배를 띄운다罔水行舟"라는 구절이 있다. 이 구절은 국민들의 뜻을 담은 강물이 말라서 뻘밭이 모두 드러났는데도 광우병 대재앙을 초래할 미국산 쇠고기 수입이라는 타이타닉호를 띄우려는 2MB 정권에게 역사가 주는 교훈이라는 생각이다.

농림수산식품부가 MBC 〈PD 수첩〉을 고소하자 검찰은 마치 기다리기라도 했다는 듯이 곧바로 수사에 착수했다. 방송 프로그램이 언제부터 형사 사건이 되었는지 그저 놀라울 따름이다. 그동안 국민들 사이에서 유행하던 '영혼이 없는 공무원' 또는 '재벌에게 떡값이나 받아먹는 괴물'이라는 비아냥거림이 단순한 '괴담'이나 '유언비어'가 아니었던 모양이다.

검찰이 제대로 된 뇌 구조를 가지고 있다면 〈PD 수첩〉이 아니라 농림수산식품부 장관과 공무원들의 허위 사실 유포 혐의를 먼저 수사해야 마땅하다.

4월 18일 협상대표
민동석 농업통상정책관부터 수사해야

4월 29일 방영한 〈PD 수첩〉에 등장한 민동석 농림수산식품부 농업통상정책관은 "미국의 경우에는 1억 마리 소 중 1년에 3마리가 광우병에 걸린 겁니다."라는 사실과 어긋나는 발언을 했다. 미국에서 발견된 광우병 소는 1년에 모두 발견된 것이 아니라, 2003년, 2005년, 2006년에 각각 1마리씩 발견되었다.

또한, 민동석 농업통상정책관은 "전에는 어떤 국제적인 그런 기준이 없었기 때문에 한미 양자가 합의를 해서 우리 수입 위생 조건을 만들었지만"이라며 유언비어 또는 괴담이라고 부를 만한 거짓 발언을 했다.

하지만 국제수역사무국 권고 지침(육상동물위생규약 제2.3.13.1조 1항)에는 광우병 발생 유무와 상관없이 30개월령 미만의 뼈 없는 살코기는 자유로운 교역을 허용해야 한다고 명시되어 있다. 지난 2006년 노무현 정부는 바로 이 기준을 근거로 "30개월령 미만의 뼈 없는 미국산 쇠고기만을 수입하기로 결정했다."라고 밝혔다.

아마도 민동석 농업통상정책관은 외교통상부에서만 쭉 근무했기 때문에 지난 2005년부터 정부가 '국제 기준'이라고 우겨 댔던 국제수역사무국 권고 지침이 있었다는 사실 자체도 모르고 있었나 보다.

그러나 지난 4월 18일에 졸속으로 타결된 한미 쇠고기 협상의 대표였던 고위 공직자가 객관적인 사실 자체도 모르고 협상을 했는데도 여태껏 아무런 문책조차 당하지 않고 자리보전을 하고 있다는 사실이 놀랍기만 하다.

농림수산식품부 장관, "미국에는 10년 동안 광우병 걸린 소가 한 마리도 없다" 괴담 퍼뜨려

한편, 5월 13일에 방송된 〈PD 수첩〉에서는 정운천 농림수산식품부 장관이 등장하여 "지금 미국에는 10년 동안 광우병 걸린 소가 한 마리도 없습니다."라며 엄청난 괴담을 유포했다.

미국에서는 지난 2003년 워싱턴 주에서 광우병이 처음 확인되었으며, 2005년 텍사스 주 1두, 2006년 앨라배마 주 1두 등 모두 3건의 광우병이 발생했다. 따라서 정운천 장관의 이러한 발언은 명백하게 허위 사실 유포에 해당된다.

다음으로 검찰이 수사해야 할 내용을 알려 주겠다. 농림수산식품부 방역팀 허모 사무관은 지난 해 5월 프랑스 파리에서 열린 국제수역사무국 제75차 총회에 옵저버 자격으로 참석한 강기갑 의원의 총회장 출입을 제지했다. 뿐만 아니라, 강기갑 의원이 국제수역사무국 총회 자료를 받으려 하자 "받을 자격이 없다."라는 이유로 제지하려 했다.

또한, 강기갑 의원이 '국민 건강을 위한 수의사 연대'의 홍하일 위원장을 옵저버로 신청하자 농림부는 "민간 전문가는 국제수역사무국 옵저버 자격이 없다."라며 거짓으로 답변했다.

그러나 국제수역사무국 사무국에 확인해 본 결과, "옵저버 자격을 갖추었으면 누구나 총회장을 당연히 들어갈 수 있다. 민간 전문가도 해당국 정부가 미리 신청만 하면, 국제수역사무국 옵저버 자격으로 국제수역사무국 총회에 참석할 수 있다."라고 밝혔다.

게다가 국제수역사무국 사무국은 "총회 자료는 옵저버를 포함하여 국제수역사무국 총회 참가비를 낸 참석자들은 누구나 받을 수 있다."라는 사실을 확인해 주었다. 국제수역사무국에서는 홍하일 위원장에게 국제수역사무국 총회장을 출입할 수 있는 출입증을 즉석에서 발급해 주기도 했다.

국회의원 기만한 공무원, 한미 FTA와 쇠고기 재협상에 참여해

검찰이 수사해야 할 내용은 또 있다.

지난 2006년 3월 미국 앨라배마 주에서 세 번째 광우병이 발생했을 때, 해당 소의 나이에 따라 미국산 쇠고기 수입 중단이 가능했다. 당시 농림부 김창섭 가축방역팀장(과장)은 MBC TV와 인터뷰에서 "덴티션dentition[치아의 상태] 갖고는 안 되죠. 덴티션은 30개월인지, 5살인지, 4살인지 다 똑같으니까, 이 한두 개는 빠졌겠죠."라고 말했다.

김 과장은 미국에서 나이를 증명하는 서류가 올 것이라고 장담했지만, 결국 미국은 아무런 근거 자료도 보내지 않았다. 그러자 한국 정부는 스스로 안 된다고 했던 치아 감별법만으로 8살 이상의 나이 든 소라고 판정해 주었다.

대한민국의 헌법 기관인 국회의원을 기만한 바로 그 공무원은 한미 FTA 협상 때 위생검역분과 실무자로 참석했으며, 얼마 전 김종훈 통상교섭본부장이 방미 추가협상 쇼를 연출할 때 김창섭 과장과 함께 협상 실무자로 참석하기도 했다.

검찰의 〈PD 수첩〉 수사는 표적 수사 의혹을 받고 있다. 검찰은 촛불시위를 물대포와 방패와 곤봉과 군홧발을 사용해 무자비하게 진압한 경찰의 폭력 진압을 왜 수사하지 않는가? 검찰이 공안정국 조성에 앞장선 채 진실을 말하는 국민의 목소리를 외면한다면 강물이 말라서 없는데 배를 띄우는 허황된 일이 되고 말 것이다.

• 덧붙임 : 응원의 편지와 더불어 쿠키와 사탕을 보내 주신 다음 카페 '소울 드레서'의 네티즌들께 따뜻한 마음을 담아 감사의 말씀을 전합니다. "한 사람이 꿈을 꾸면 그냥 꿈이지만 모든 사람이 꿈을 꾸면 현실이 된다."라고 얘기한, 이름을 밝히지 않은 '배운여자' 님의 말씀처럼 '영혼이 있는 국민들'이 있어 2MB의 부족한 뇌 용량밖에 없는 '영혼이 없는 공무원들'이 망쳐 놓은 굴욕적인 미국산 쇠고기 협상을 바로잡을 수 있겠다는 확신이 들었습니다.

— 《프레시안》, 2008년 6월 30일

미국 캘리포니아 광우병 발생
: 한국 정부의 거짓말과 국회의 무능

들어가며

미국에서 네 번째 광우병이 발생함에 따라 미국산 쇠고기 수입 중단과 안전성 문제가 다시 사회적 이슈가 되었다. 이번 논란의 쟁점은 1) 미국에서 광우병이 발생하면 쇠고기 수입을 즉각 중단하겠다는 이명박 정부의 약속 위반 문제, 2) 정부의 미국 현지 조사단의 신뢰성 및 실효성 문제, 3) 비전형 광우병의 안전성 문제, 4) 미국의 광우병 안전 관리 시스템의 신뢰성 문제 등 네 가지로 나눌 수 있다.

네 가지의 구체적 쟁점을 다루기 전에 우선 [2012년] 미국의 네 번째 광우병 발생이 어떻게 확인되었는지 살펴보자. 미국 캘리포니아 주 툴레어 카운티에 위치한 젖소 농장(1,200두 사육 규모)에서 10년 7개월령 젖소가 다리를 절고 일어서지 못하는 다우너downer 증상을 보여 안락사시켰다.[1] 이 젖소는 핸포드 소재 축산 가공업체 베이커 커모디티즈Baker Commodities의 이송 시설로 팔려 갔다.

베이커 커모디티즈의 데니스 러키Dennis Luckey 부사장은 AP 통신과 인터뷰에서 "이 젖소는 국가 예찰 프로그램에 따라 무작위로 선발되어 광우병 검사를 받게 되었다."라고 밝혔다.[2] 이 회사는 미국 정부의 광우병 예찰 프로그램에 자발적으로 참가하고 있는 렌더링 업체다.[3] 다시 말해, 민간 자율 방식으로 랜덤 샘플링에 의해 광우병 검사를 실시하는 미국의 광우병 예찰 프로그램에서 광우병 소가 검출된 것이다.

4월 18일, 렌더링 회사 베어커 커모디티즈는 뇌의 연수 조직에서 샘플을 채취해서 지역 실험실인 캘리포니아대학교(UC Davis) 수의과대학으로 보냈다. 4월 19일, 효소면역측정법ELISA 검사: Enzyme-Linked Immunosorbent assay를 실시했는데 "광우병이 의심스러우나 불확실하다."라는 결과가 나왔다. 4월 20일 최종 확진을 위해 아이오와 주에 소재한 미국 수의연구소NVSL로 보내졌다. 이곳에서도

ELISA 검사를 실시했으나 "광우병이 의심스러우나 불확실하다."라는 결과가 나왔다. 4월 23일, 면역 조직 화학 검사법IHC과 웨스턴 블로팅 검사법WB 검사법으로 비전형atypical 광우병으로 최종 확진되었다.[4]

4월 24일, 미국 농무부의 존 클리퍼드 수석 수의관은 캘리포니아 주에서 광우병이 발생했음을 공식적으로 발표했다.[5] 미국 정부는 구체적 정보도 공개하지 않은 채, 역학 조사 결과도 나오지 않은 상황에서, 쇠고기 수출에는 영향을 끼치지 않을 것이라고 단정적으로 발표했다.

로이터 통신과 AP 통신 등 외신들은 일제히 미국의 네 번째 광우병 발생을 보도했다. 마이클 마쉬Michael Marsh 미국 서부 지역 낙농협회Western United Dairymen 회장은 AP 통신과의 인터뷰에서 "이번 소는 30개월령 이상이며, 보행이 불가능하거나 병든 소가 아니었다. 최종 확인 시 정상적인 상태였다."라고 밝혔다.[6] 광우병 소가 사육되던 지역의 낙농협회 회장이 잘못된 정보를 언론에 제공할 정도라면 가축 이력 추적제가 제대로 작동하고 있지 않았다는 점을 시사한다.

한국 정부는 4월 24일 미국 정부로부터 존 클리퍼드가 발표한 성명서 외에 구체적인 정보를 전달받지 못했으며, 외신에서 보도한 내용 이상의 정보도 획득하지 못했다.[7]

미국의 네 번째 광우병 발생을 둘러싼 네 가지 쟁점

1) 한국 정부의 광우병 대응과 거짓말, 그리고 국회의 무능

2008년, 졸속적인 미국산 쇠고기의 전면적 수입 개방에 분노한 100만 명이 넘는 시민들이 서울시청 광장에서 광화문에 이르는 세종로 거리를 가득 메웠다. 유모차를 끌고 나온 엄마, 예비군복을 입고 나온 복학생, 교복을 입고 나온 소녀, 넥타이를 매고 나온 직장인 등 평범한 시민들은 분노로 들끓었다. 왜? 광우병 위험으로부터 안전하지 않은 미국산 쇠고기를 전면적으로 수입하겠다고 결정한 정부의 졸속 협상 때문이었다. 안전한 먹을거리를 매개로 국민의 생명과 건강권, 검역 주권, 정치적 자유와 사회적 권리에 대한 요구가 100일이 넘는 기간 동안 300만 명 이상의 시민들을 거리 시위에 나서게 한 것이다. 촛불시위에 놀란 이명박 정부는 "미국에서 광우병이 발생하면 쇠고기 수입을 즉각 중단하겠다."라는 약속을 여러 차례 되풀이했다.

농림수산식품부와 보건복지부는 2008년 5월 8일 신문 광고를 통해 "국민의 건강보다 더 귀한 것은 없습니다. 정부가 책임지고 확실히 지키겠습니다. 미국에서 광우병이 발견되면 1. 즉각 수입을 중단하겠습니다. 2. 이미 수입된 쇠고기를 전수조사하겠습니다. 3. 검역단을 파견하여 현지 실사에 참여하겠습니다. 4. 학교 및 군대 급식을 중지하겠습니다."라고 국민들에게 약속했다.[8] 같은 날 국회에서 한승수 국무총리는 "국민들의 건강에 위협이 된다면"이라는 단서 조항의 해석과 관련하여 "국민에게 위협이 된다는 그런 유권 해석, 기준 필요 없이 광우병만 발생되면 무조건 수입 중단 조치 한다는 것이 확실하다."라고 답변했다.[9] 정부는 두 차례의 추가 협상 결과를 설명하는 자료에서도 "미국에서 광우병이 추가로 확인될 경우 일단 미국산 쇠고기의 수입을 중단조치함"[10]이라고 약속했다.

국회는 2008년 8월 26일 가축전염병예방법 개정안을 의결했다. 개정된 가축전염병예방법에는 이미 수입위생조건이 고시된 수출국에서 광우병이 추가로 발생해 그 위험으로부터 국민의 건강과 안전을 보호하기 위해 "긴급한 조치가 필요한 경우" 쇠고기 또는 쇠고기 제품에 대한 "일시적 수입 중단 조치" 등을 취할 수 있도록 하는 조항이 삽입되었다.

2008년 9월 1일 당시 민주노동당 강기갑 의원이 조중표 국무총리실장을 대상으로 다시 한 번 2008년 5월 8일 한승수 국무총리가 국회에서 한 약속을 확인하였다. 가축전염병예방법 개정안이 국회에서 통과된 이후에 "아무런 단서 조항 없이 미국에서 광우병만 발생되면 무조건 우리는 수입 중단한다."라고 다시 한 번 공개적으로 약속한 것이다.[11] 강기갑 의원은 부득이한 사정으로 국회에 출석하지 못한 한승수 총리에게 별도의 서면 답변을 통해 "미국에서 광우병이 발생 시 일단 미국산 쇠고기의 수입을 중단 조치할 것임"이라는 확약까지 받았다.[12]

2012년 4월, 미국 캘리포니아 주 광우병 발생 사실이 전해지자 농림수산식품부 관계자들은 25일 오전까지만 하더라도 "검역 중단을 고려하고 있다."라고 얘기했다. 그런데 오후가 되자 상황이 돌변했다. 주한 미국대사관에서 농무참사관이 농림수산식품부를 방문하여 "광우병 발생 소는 젖소이며, 미국에서 수입하는 육우가 아니고, 비전형 광우병"[13]이라는 점을 강조했다. 농림수산식품부 식품정책실장은 오후 4시 기자 브리핑에서 검역 중단을 하지 않는다고 발표했다.

청와대는 4월 26일 미국 캘리포니아 주에서 발생한 광우병은 "수입되는 육우가 아닌 젖소라는 점" "소가 30개월 이상이라는 점" "사료 감염이 아닌 비전형 광우병이라는 점" 등을 들어 수입 중단을 하지 않겠다고 발표했다. 박정하 청와대 대변인은 수입 중단을 약속했던 광고에 대해 "광고 문구는 생략·축약되는 경우가 있다."라며 궁색한 해명까지 내놓았다.[14]

서규용 농림수산식품부 장관은 5월 1일 국회에서 열린 농식품위에서 미국산 수입 쇠고기의 검역 중단 또는 수입 중단 요구에 대해 "전혀 문제가 없는데 그 짓(검역 중단)을 왜 하느냐."라고 발언했다.[15] 그는 검역 중단이나 수입 중단 조치를 취하라는 여야 의원들을 향해 개정된 가축전염병예방법을 "명문화할 때 했어야죠. 그때 국회에서"라며 적반하장식의 무책임한 태도를 보인 바 있다.

그러나 서규용 농림수산식품부 장관의 적반하장식의 무책임한 태도는 가축전염병예방법 개정안이 통과된 이후 국무총리와 국무총리실장이 국회에서 약속한 내용을 망각하거나 무시한 거짓말일 뿐이다.

정부의 거짓말은 여기서 멈추지 않았다. 농림수산식품부 누리집의 〈광우병 바로 알기〉와 자료실의 〈광우병 사실은 이렇습니다〉에 게재된 동영상[16]에서 박용호 농림수산식품부 검역검사본부장은 "국내에 수입되는 미국산 쇠고기는 30개월 미만의 소로서 특정위험물질, 즉 SRM을 제거한 살코기만 수입되고 있기 때문입니다."라며 미국산 쇠고기가 안전하다고 잘못된 주장을 하고 있다.

그러나 미국에서 "30개월 미만의 뼈 없는 살코기만" 수입했던 것은 2006년 노무현 정부 당시의 수입위생조건이다. 2008년 졸속으로 타결되어 전 국민적인 촛불시위로 두 번에 걸친 추가 협상을 통한 고시된 현행 미국산 쇠고기 수입위생조건은 "30개월 미만 뼈를 포함한 쇠고기"다.[17] 또한, 현행 수입위생조건에는 30개월령 미만 내장도 수입이 가능하며, 30개월령 미만의 소의 뇌, 눈, 머리, 뼈, 척수도 수입자가 이들 제품을 주문할 경우 수입이 가능하다.[18]

국내 수입 쇠고기의 검역 검사를 책임지는 정부의 고위 관료인 농림수산식품부 검역검사본부장이 〈광우병 사실은 이렇습니다〉라는 대국민 홍보 동영상에 버젓이 허위 사실을 유포하고 있다.

상황이 이러한데도 무능한 국회는 이명박 정부의 거짓말과 약속 위반에 대한 정치적 추궁과 수입 중단 결의안조차도 채택하지 못했다. 지난 2008년에도 행정부와 국회가 아니라 촛불시위에 나선 국민들의 직접적인 행동에 의해 문제가 해결되었는데, 2012년에도 상황은 비슷하다. 다만 통합진보당 사태의 여파로 대중운동이 급속하게 소강되어 광우병 쇠고기 문제가 사회적 이슈로 떠오르지 못했을 뿐이다.

한나라당과 민주당에서 각각 새누리당과 민주통합당으로 간판을 바꾼 여야 정치권은 18대 국회에 이어 19대에서도 행정부의 독단을 제어하는 역할을 제대로 하지 못할 것으로 예상된다. 광우병 관련 쇠고기 위생 검역 이슈는 이명박 정부에서 모든 문제가 끝나는 것이 아니라 한미 FTA와 연동하여 차기 정부에서도 계속될 것인데, 국회의 무능은 국민 건강 및 안전, 그리고 위생 검역에 심각한 후퇴를 가져올 우려가 있다.

2) 부끄럽기 짝이 없는 광우병 현지 유람단 파견의 문제점

첫 번째, 시민 사회 단체나 비판적 전문가를 배제하고 농림부 출신으로만 조사단을 구성했다.

정부는 미국에서 광우병이 발생했음에도 불구하고 가축방역협의회 한 번 개최하지 않고 있으며, 현지 조사단을 구성하면서 가축방역협의회를 통한 논의조차 하지 않았다. 비판적인 전문가나 시민 단체의 의견을 전혀 수렴하지 않았을 뿐만 아니라, 수렴하려는 노력도 하지 않았다.

캘리포니아 주 광우병 방미 민관합동조사단의 면면을 살펴보면, 9명 중 8명이 농림수산식품부 직원 또는 전직 직원으로 구성되어 있다.

〈캘리포니아 광우병 방미 민관합동조사단 명단〉

- 주이석 검역검사본부 질병방역부장(단장)
- 조인수 검역검사본부 해외전염병 과장
- 장현철 검역검사본부 위험평가과 주무관
- 김승래 검역검사본부 검역검사과 주무관
- 김규 농림수산식품부 축산경영과 주무관
- 김옥경 대한수의사회 회장(전 농림부 축산국장, 전 수의과학검역원장)
- 유한상 서울대 수의학과 교수(전 수의과학검역원 직원)
- 김용상 서기관 (주워싱턴 한국대사관에 파견된 파견검역관)
- 전성자 한국소비자교육원장(소비자연합회 부회장)

주이석 농림수산식품부 검역검사본부 질병방역부장은 지난 2008년 4월 미국산 쇠고기 수입 졸속 협상 당시 한국 협상단을 보조하는 협상단의 일원이었으며, 2008년 6월에는 〈PD 수첩〉 제작진을 명예훼손으로 수사 의뢰한 농림수산식품부를 대표하여 대검찰청에 수사 의뢰서를 작성하였으며 검찰에서 이와 관련한 진술을 하였다. 그러므로 현지 조사의 객관성과 공정성을 담보할 수 없다. 주이석 방역부장은 법정에서 "광우병의 주 증상은 다우너가 아니고 신경 증상이기 때문에 (…) 신경 증상이 없는 소들은 광우병과는 무관하다."라며 다우너와 광우병의 연관 관계를 부인한 바 있다. 그는 "동영상에서 물대포로 쏘고 있는데도 신경 증상을 나타내지 않고 있는 것을 보면, 광우병에 전혀 상관이 없다는 것이다. 광우병에 걸린 소였다면 신경질적인 증상을 나타냈을 텐데 그 동영상에서 그런 증상을 나타내지 않았다."라며 광우병을 마치 외관으로 진단할 수 있는 것처럼 발언하기도 했다.[19] 이번에 미국 캘리포니아에서 발생한 광우병 소는 다우너 증상은 보였으나, 신경 증상은 전혀 나타나지 않았다.

유한상 서울대 수의학과 교수는 1984~95년 농림부 산하 국립수의과학검역원 공무원으로 근무했다.[20] 그는 가축방역협의회 위원으로 "미국의 광우병 검사는 합리적인 통계 방법으로 표본 추출해 검사하고 있으며, 한국에 수입되는 미국산 쇠고기는 안전하다."라고 주장하고 있다.[21]

김옥경 대한수의사회 회장은 농림직 기술고등고시를 통해 농림부 축산국장, 국립수의과학검역원장을 지낸 농림부 공무원 출신이다. 그는 서울대학교 행정학 석사, 건국대학교에서 경영학 석·박사학위를 취득한 바 있다.[22]

나머지 농림수산식품부 직원들도 대부분 한미 FTA 협상단 실무자, 미국산 또는 캐나다산 쇠고기 수입 관련 협상단 실무자 출신이다. 농림부 출신이 아닌 조사단원은 전성자 한국소비자교육원장인데, 광우병 관련 전문성이 검증된 바 없다.

두 번째, 현지 조사를 위한 일정 및 체크 리스트를 공개하지 않았으며, 사전에 제대로 된 현지 조사 계획을 세웠는지도 의문이다.

현지 조사단을 졸속으로 구성하다 보니, 미국으로 출발하기 전에 현지 조사 일정도 제대로 확정되지 않았다. 체크 리스트와 조사 계획이 사전에 마련되어야 역학 조사, 사료, 프리온Prion[양이나 염소의 스크래피병, 광우병 및 크로이츠펠트-야콥병 등 다양한 질병을 유발하는 인자로 단백질Protein과 감염Infection의 합성어], 시민 사회 등 각 분야의 전문가를 선발하여 조사에 참여하도록 보장할 수 있다. 일본 정부의 경우, 농림수산성과 후생노동성 홈페이지에 현지 조사 체크 리스트를 모두 공개하고 있다.[23]

정부의 현지 조사 보고서에 수록되어 있는 내용은 대부분 미국 정부가 이메일이나 팩스로 제공할 수 있는 수준에 불과하다. 굳이 국민의 혈세를 들여 국고를 낭비하면서까지 미국 현지를 방문하지 않아도 획득할 수 있었다.

특히 미국 현지 조사단이 미국 수의연구소를 방문하여 비전형 광우병을 확인했다고 발표한 것은 국민을 우롱한 우스꽝스러운 쇼에 불과하다. 이러한 사실은 웨스턴 블로팅 검사 이미지 파일만 받으면 한국에서도 금방 확인이 가능한 내용이다. 현지 조사단이 출발하기 전에 이러한 기본 자료는 미국 정부로부터 제공받았어야 한다. 미국 정부는 이미 국제수역사무국에 이러한 자료를 모두 보고하였으며, 영국 정부와 캐나다 정부에는 비전형 광우병 발생 소의 뇌 조직 샘플을 보내서 미국 수의연구소의 검사 결과에 대한 검증을 받은 바 있다.[24] 차라리 미국 정부로부터 캘리포니아 광우병 소의 뇌 조직 샘플이라도 받아 왔으면 국내 연구진들의 광우병 연구에 도움이라도 될 수 있었을 것이다.

더군다나 미국 워싱턴에는 주미 한국대사관 농무참사관과 농림부에서 미국에 파견한 현지 검역관이 있다. 그들은 이 정도 수준의 정보를 미리 파악하여 외교통상부와 농림수산식품부에 보고했어야 한다. 한국의 시민 단체가 인터넷으로 접근 가능한 정보조차 실시간으로 파악하여 보고하지 못했다면 국민의 혈세를 낭비한 책임을 물어야 하며, 이러한 보고를 했음에도 불구하고 요식 행위에 불과한 부실한 현지 조사단을 파견했다면 국민을 기만한 책임을 엄중하게 문책해야 할 것이다.

세 번째, 현지 조사 기간 중 미국 정부가 역학 조사 중간 발표를 하였으나, 이와 관련한 현지 조사를 전혀 수행하지 못했다.

미국 농무부 동식물검역청은 5월 2일 광우병 소 역학 조사 중간 발표[25]를 하였다. 미국 방역 당국은 2개의 목장에 대해 방역 조치를 취하고 있으며, 캘리포니아 광우병 소가 지난 2년간 새끼 2마리를 낳았는데 한 마리는 사산stillborn했으며, 다른 한 마리는 다른 주의 농장에서 사육 중인데 이를 안락사시켜 검사를 했는데 광우병 음성 판정을 받았다고 밝혔다.

또한, 광우병 소의 출생 코호트birth cohort[특정한 해, 기간에 출생한 집단] 소 조사를 해야 하는데 그들의 소재 파악이 불가능한 상황이며, 캘리포니아 광우병 소가 10년 전에 사육되었던 송아지 사육장에 대한 조사가 진행 중이다.

미국 식약청과 캘리포니아 주 식약청은 광우병 소를 사육하였던 농장의 사료 기록, 렌더링 시설, 캘리포니아 목장을 조사하고 있는데, 현재까지 10개의 사료 회사가 광우병 소가 발생한 농장에 사료를 공급했던 것으로 밝혀졌다. 렌더링 시설에서는 사료 조사관이 모든 육골분 사료 원료의 미국 내 유통이 연방 표시(라벨링) 요건을 충족시키고 있는 사실을 확인하였다고 밝혔다.

한국 정부의 현지 조사단은 미국 정부 당국이 방역 조치를 취하고 있는 2개의 농장에 대한 방문 조사를 실시하지도 못했고, 광우병 소의 출생 코호트 소에 관한 조사나 광우병 발생 농장에 사료를 공급한 10개 사료 회사에 대해서도 방문 조사를 할 엄두도 내지 못했다.

네 번째, 현지 조사단은 "광우병 소는 결코 랜덤 샘플링에 의해 우연히 검사를 한 것이 아니"라는 자신들의 주장을 입증하지 못했다.

현지 조사단은 미국 방문 기간 동안 "광우병 소는 결코 랜덤 샘플링에 의해 우연히 검사를 한 것이 아니며, 미국의 광우병 예찰 체계가 잘 작동하고 있다."라고 주장했다. 그러나 현지 조사단은 이러한 주장을 입증할 만한 근거 자료를 제시하지 못했다.

오히려 렌더링 공장인 베이커 커모디티즈의 데니스 러키 부사장은 AP 통신과 인터뷰에서 "이 젖소는 국가 예찰 프로그램에 따라 무작위로 선발되어 광우병 검사를 받게 되었다."[26]라고 밝혔다. 뿐만 아니라, 이 렌더링 회사는 미국 예찰 프로그램에 자발적으로 참가한 업체[27]였다.

따라서 미국 현지 조사단은 미국 내 렌더링 회사가 몇 개이며,

그중 미국 정부 예찰 프로그램에 대해 자발적으로 참가하고 있는 업체가 몇 개인지 조사해야 했다. 광우병 소를 처리한 렌더링 업체인 베이커 커모디티즈에서 1년간 처리하고 있는 소의 사체가 몇 두나 되며, 그중 몇 마리를 대상으로 광우병 검사를 실시했는지도 확인했어야 마땅하다. 렌더링 업계는 연령 구분이 불가능하고 뇌와 척추 제거가 비현실적이라고 밝힌 바 있다.[28]

미국 정부는 능동적 예찰* 프로그램을 운영하지 않으며 수동적 예찰** 프로그램만 운영 중이다. 이는 능동적 예찰을 시행하는 유럽이나 일본과 가장 크게 다른 점이다. 뿐만 아니라, 캐나다 정부는 광우병 증상을 보이는 고위험군(4D: dead, dying downer, diseased)에 대해서 모두 수동적 예찰을 실시하는 반면, 미국은 다우너 소의 10~15퍼센트만을 검사하고 있을 뿐이다.[29]

3) 비전형 광우병이 안전하다는 과학적 근거가 전혀 없다

비전형 광우병 인간 전염 여부는 아직 확실히 규명되지 않았다.

* active surveillance. 도축장에서 일정 연령 이상의 소를 대상으로 의무적으로 광우병 검사를 실시하는 예찰 방식이다. 능동적 예찰을 실시해야 겉으로 멀쩡해 보이는 건강한 소 중에서 비전형 광우병 또는 무증상 광우병 소를 찾아내서 인간의 식품 체계로 유입되는 것을 차단할 수 있다. 일본 정부는 전 세계적으로 유례없는 전수 검사 방식의 능동적 예찰을 실시하고 있는 중이며, 유럽연합은 2001년부터 사고소나 절박도살소 또는 도축전 검사에서 특정 이상 소견을 보이는 소의 경우 24개월령, 겉으로 보기에 멀쩡해 보이는 건강한 소라면 30개월령 이상은 의무적으로 광우병 전수 검사를 실시했다. 2011년 7월 1일부터는 48개월 및 72개월로 조금 완화된 기준으로 능동적 예찰을 실시하고 있다.

** passive surveillance. 광우병 임상 증상을 보이거나 다우너 증상을 보이거나 갑자기 죽거나 긴급하게 도축을 한 고위험군 소를 대상으로 광우병 검사를 실시하는 예찰 방식이다.

비전형 광우병이 안전한 것이 아니라 위험성에 대해 논란이 있으며 확실히 규명되지 않은 불확실성의 상태다.

현재까지 광우병BSE은, 단백질을 분해하는 proteinase K라는 효소에 의해서 분해되지 않은 병원성 프리온 단백질PrPres 조각을 웨스턴 면역 블로팅 법이라는 검사 방법을 통해 세 가지 형태로 구분하였다.

첫째, 고전적 유형의 광우병C-BSE 또는 전형 광우병

둘째, 병원성 프리온 단백질PrPres의 분자량이 높은 H형의 광우병H-BSE

셋째, 병원성 프리온 단백질PrPres의 분자량이 낮은 L형의 광우병L-BSE

비전형 광우병atypical BSE은 H형의 광우병과 L형의 광우병을 한꺼번에 묶어서 지칭하는 용어다. 비전형 광우병의 경우 도축장에서 일정 연령 이상의 소를 의무적으로 검사하는 능동적 질병 예찰에 의해 확인되었으며, 그 역학이나 병리생물학, 인간에게 전염 가능성에 대해서는 확실히 밝혀지지 않은 상황이다. 최근 스위스에서 사망한 2두의 소를 검사한 결과 새로운 광우병 유형을 확인했다는 보고[30]도 있다. 2012년 현재까지 66건의 비전형 광우병이 보고되었다.[31]

지난 2008년 미국의 감베티 박사팀은 비전형 광우병의 일종인 소 아밀로이드성 해면상 뇌증BASE 또는 L-BSE의 인간 전염을 조사하기 위해 형질전환Tg 쥐에게 인공 감염 실험을 한 결과를 보고

비전형 광우병(atypical BSE)

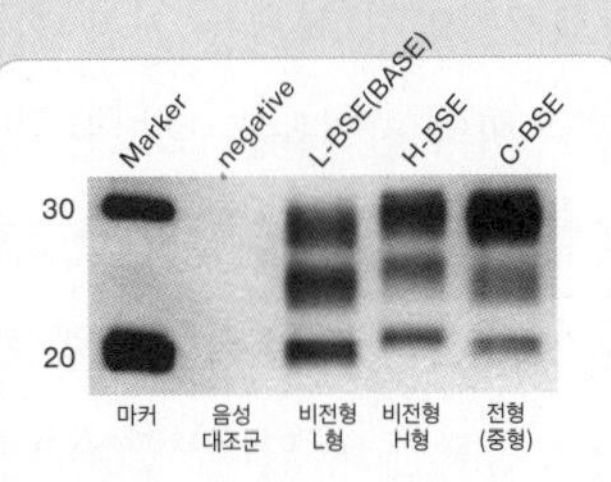

전형 광우병과 비전형 광우병의 생화학적 특성 비교(웨스턴 블로팅 법)

비전형 광우병은 영국에서 발생한 일반적인 광우병(그림 오른쪽 끝)에 비해 변형 프리온 단백질의 분자량이 서로 다른 특징이 있다. 분자량의 높은 경우를 비전형 광우병 H형(그림 오른쪽에서 두 번째)이라 하며, 분자량이 낮은 경우를 비전형 광우병 L형(그림 오른쪽에서 세 번째)이라고 한다. 스위스 과학자들은 2012년 초 전형 광우병이나 비전형 광우병과 구분되는 제4유형의 광우병 사례 2건을 보고하기도 했다.

전형 광우병에 걸린 소는 대부분 침을 많이 흘리고 갑자기 포악해지거나 미친 것처럼 보이는 신경 증상이 나타난다. 그러나 비전형 광우병에 걸린 소는 특별한 신경 증상이 나타나지 않은 경우가 많아서 색출하기가 매우 어렵다.

변형 프리온 단백질이 주로 축적되는 부위도 서로 달라서 일반적인 광우병 검사로 비전형 광우병을 확인되지 못할 수도 있다. 전형 광우병은 뇌의 연수 부위에 변형 프리온이 주로 축적되는 데 반해, 비전형 광우병 L형의 경우 대뇌의 피질 부위에 변형 프리온이 아밀로이드 플라크 형태로 축적된다. 이러한 특성에 따라 비전형 광우병 L형을 BASE Bovine Amyloidotic Spongiform Encephalopathy라고 부르기도 한다.

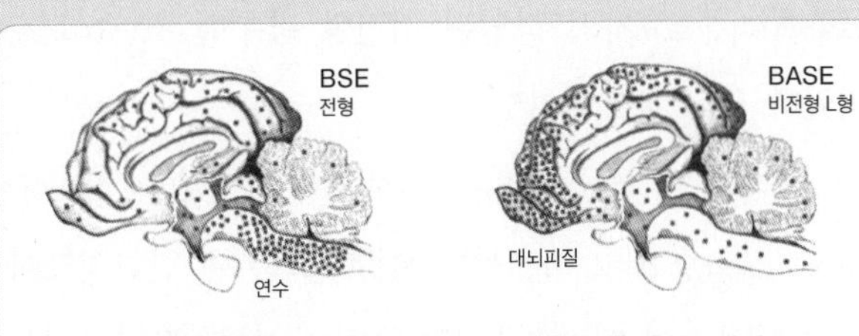

전형 광우병과 비전형 광우병의 뇌에서 변형 프리온 축적 부위 비교

했다.[32] 프리온 단백질을 접종한 형질 전환 쥐의 60퍼센트가 20개월~22개월의 잠복기를 거친 후 광우병에 감염되었다. 또한, 비전형 광우병의 전염율은 보고된 고전적 광우병보다 높게 나타났다.

또한, 아무런 광우병 임상 증상이 나타나지 않았던 무증상의 노령 소에서 영장류로 비전형 광우병(L-BSE)이 전염된다는 연구 결과도 발표된 바 있다.[33] 2007년의 이러한 연구 결과는 올해 초에 발표된 논문에서도 재확인되었으며, 비전형 광우병이 종간 장벽을 쉽게 뛰어넘을 수 있기 때문에 사람의 식품 체계로 들어가지 않도록 하는 것이 필수적이라고 강조했다.[34] 뿐만 아니라, 형질전환 쥐를 이용한 실험에서도 비전형 광우병(BASE)이 전형 광우병보다 병독성이 더 있다는 연구 결과도 2007년에 보고된 바 있다.[35]

이탈리아 및 독일의 광우병 연구자들이 올 2월에 발표한 '비전형 광우병에 감염된 소의 살코기의 감염성'에 대한 연구 논문에서도 "자연 상태에서 비전형 광우병에 감염된 소와 실험적으로 비전형 광우병을 감염시킨 소를 대상으로 한 형질전환 마우스Tgbov XV 실험에서, 살코기를 통한 감염성이 '실험적으로 감염시킨 비전형 광우병 소(~70퍼센트)/자연 감염된 비전형 광우병 소(~10퍼센트)'로 확인되었다."라고 보고하기도 했다.[36]

농림수산식품부는 "최근 유럽에서 보고된 문헌(《바이러스학회지 The Journal of virology》 2012. 4)에서는 사람 프리온에 민감하도록 유전자 변이된 마우스에 비전형 BSE(H, L형)를 실험 감염하였을 때 감염되지 않은 연구 결과가 있다."[37]라며 비전형 광우병의 안전성을 강조하지만, 비전형 광우병은 아직까지 충분히 과학적으로 규명되지 않은 상황이다.

농림수산식품부는 보도 자료에서 언급하지 않았지만, 이 논문의 저자들은 "현재 무증상 감염subclinical infection의 가능성에 대한 후속 연구를 진행하고 있는 중"이라고 밝히고 있다.[38] 무증상 광우병 감염은 겉으로 보기에 멀쩡하시만 실제로는 광우병 유발 인자를 몸속에 가지고 있으면서 다른 동물에게 광우병을 일으키는 것을 말한다. 이 논문의 저자들은 실험 대상으로 쓰인 쥐에게서 뇌신경물질을 추출하여 다시 다른 쥐에게 접종하는 실험을 통해 광우병 증상이 나타나는지 확인하는 실험 결과를 아직 발표하지 않았다.

또한, 이 논문의 저자들은 자신들의 이번 연구 결과가 비슷한 실험을 실시한 감베티 박사팀의 지난 2008년 연구 결과 및 올해 1월 《사이언스》에 실린 뇌와 임파 조직의 종간 장벽을 뛰어넘는 전염 실험 결과[39]와 충돌한다고 밝혔다. 그들은 실험 결과의 차이에 대해 명확하게 알 수 없지만, 실험용으로 사용한 쥐의 유전적 배경이 다르기 때문일 것으로 추정했다.

따라서 비전형 광우병의 인간 전염 가능성은 아직도 과학적 논란이 진행 중인 사안일 뿐이다. 정부는 과학적 근거 없이 광우병 위험에 대해 국민 여론을 왜곡하고 있지만, 과학적 불확실성이 존재함에도 불구하고 광우병에 관한 다음의 내용은 어느 정도 과학계에서 합의된 상황이다.

첫째, 광우병은 육우든 젖소든 관련 없이 위험하다. 2011년 미국 연방정부 승인을 받은 도축장에서 도축된 소는 3,400만 마리에 이르며, 그중 젖소는 미국 전체 도축 소의 8.6퍼센트에 해당하는 291만 4,000두였다.[40] 이 젖소들은 도축 후 인간의 식용으로 사용되며, 마블링 정도에 따른 품질 등급을 받아 상업적으로 유통되고 있다.

이명박 정부는 "미국에서 쇠고기 유래 분쇄육 등 육가공품은 일체 수입될 수 없다."[41]라고 거짓말을 하고 있지만, 미국산 쇠고기 수입위생조건(농림수산식품부고시 제2008-15호) 1조 (1)항에는 "분쇄육, 가공제품, 그리고 쇠고기 추출물은 선진 회수육recovered meat[뼈나, 도살한 가축의 몸뚱이 등에서 남은 살코기를 분리해 내는 작업을 통해 얻은 고기]은 포함될 수 있지만 특정위험물질과 모든 기계적 회수육/기계적 분리육은 포함되지 않아야 한다."라고 규정되어 있다. 다시 말해, 특정위험물질과 기계적 회수육/기계적 분리육만 섞여 있지 않으면 분쇄육, 가공제품, 쇠고기 추출물은 미국에서 수입이 가능하다. 질 낮은 젖소 고기는 분쇄육의 원료로 사용되고 있다.

미국산 쇠고기 수입위생조건(농림수산식품부고시 제2008-15호) 어디에서도 젖소 고기의 수입을 금지한다는 규정을 찾을 수 없다. 현행 수입조건에서는 육우든 젖소든 관계없이 30개월령 미만의 미국산 쇠고기는 수입이 가능하다. 30개월령 미만의 분쇄육도 수입이 가능하다.

그런데 미국에서 보고된 광우병 4건 중 2건(50퍼센트)이 젖소에서 발생하였으며, 캐나다에서 발생한 총 18건의 광우병 가운데 10건(56퍼센트)이 젖소에서 발생했다.[42] 광우병 전수 검사를 실시하고 있는 일본에서 현재까지 총 36건의 광우병 소가 발견되었는데, 그중 32건(89퍼센트)이 젖소에서 발생했다.[43] 일본의 토종소 와규黑毛和種에서는 단 4건이 발생했을 뿐이다. 더군다나 일본에서 발생한 광우병 중 12건(33퍼센트)은 아무런 임상 증상이 나타나지 않은 건강한 소에서 확인되었다.

만일 미국 캘리포니아 광우병 젖소가 우연히 랜덤 샘플링으로 뽑혀 광우병 검사를 받지 않았다면 돼지나 닭 등의 가축 사료로 가공되어 인간의 식품 체계로 유입되었을 우려가 높다.

둘째, 광우병은 잠복기가 긴 질병이기 때문에 99.95퍼센트 이상이 30개월령 이상에서 발생했다. 그동안 미국에서 발생한 광우병 4건은 모두 30개월령 이상에서 발생했으며, 캐나다에서 발생한 18건의 광우병도 모두 30개월령 이상에서 발생했다.

30개월령 미만도 100퍼센트 안전하다고 보기 어렵다. 영국의 경우 30개월령 미만의 소에서 최소한 19건의 광우병 사례가 확인되었으며, 일본에서도 30월령 미만에서 2건의 광우병 사례가 발생했다. 또한, 유럽연합에서는 표본 추출 프로그램에 의하여 생후 30개월령 미만의 소에서 20건 이상의 광우병 양성을 확인하였다.[44]

정부도 2006년 쇠고기 수입 재개를 앞두고 실시한 수입위험평가 자료에서 "30개월 미만 소에서 (광우병) 임상 증상 발생률은 약 0.05퍼센트로 알려졌다."라는 유럽연합 과학자문위원회의 보고서를 인용한 바 있다.[45]

셋째, 비전형 광우병의 원인이 사료와 관련이 없다는 한국과 미국 정부의 주장은 과학적 사실이 아니다. 미국 정부는 비전형 광우병의 원인이 사료와 관련이 없다[46]고 발표했다. 이에 대해 광우병 연구 분야의 세계적 전문가인 폴 브라운Paul Brown 박사는 "미국 농무부는 그렇게 주장할 과학적 근거를 전혀 가지고 있지 않다."라며 "심하게 과장된 단순화"라고 비판했다.[47] 폴 브라운 박사는 2008년 광우병 임상 증상이 나타나지 않은 무증상 노령 소로부터 영장류에게 비전형 광우병이 전염된다는 사실을 실험적으로 증명한 연구 결과[48]를 발표하기도 했다.

클린턴 행정부에서 미국 농무부 선임 수의관으로 광우병의 예찰 및 예방, 그리고 교육 활동을 담당했던 린다 디틸러L. Detwiler 박사도 비전형 광우병이 "사료와 관련이 없다고 말할 수 없다."라고 밝혔다. 전문가들의 이러한 비판에 미국 농무부 홍보 책임자인 린지 콜Lyndsay Cole은 "이번 비전형 광우병의 기원은 아무도 모른다." 라며 한발 물러서고 말았다.[49]

4) 미국의 광우병 위험 관리 체계를 신뢰할 수 없다

미국의 광우병 위험 관리 체계는 미국의 시민 단체나 비판적 과학자들도 문제 제기를 할 정도로 신뢰할 수 없다. 미국 소비자연맹은 캘리포니아 광우병 발생과 관련하여 4월 25일자로 성명서를 발표했는데, 다음의 세 가지 문제를 제기하고 있다.[50]

첫째, 미국의 광우병 검사 비율이 지나치게 낮아 광우병을 제대로 걸러낼 수 없다.

둘째, 미국 농무부에서 개인 기업이 자발적으로 광우병 검사를 실시하겠다는 것을 막는 것은 문제가 있다.

셋째, 반추동물에게만 반추동물 유래의 동물성 사료를 금지한 미국의 사료 규제 조치는 광우병을 막기에는 부적절한 조치다.

지난 2012년 미국에서 약 3,400만 마리의 소를 도축했지만, 그중에서 광우병 검사를 받은 소는 4만 마리에 불과하다. 1,000마리 중에서 1마리(0.1퍼센트)만 검사하는 미국의 검사 시스템에서는 대부분의 광우병 위험 소들이 식품이나 사료 체계로 유입될 우려가 있다.

특히 미국에서는 주저앉는 증상을 보이는 다우너 소에 대해 의무적으로 광우병 검사를 하지 않고 있으며, 병들어 죽은 소에 대해 의무적인 광우병 검사를 실시하고 있지 않다. 2003년 미국 농무부의 추산에 따르면 해마다 13만~19만 마리의 다우너 소가 도축장으로 보내지며, 그중에서 4분의 3이 인간의 식용으로 공급되었다고 밝힌 바 있다.[51]

2003년에 19만 마리 중 2만 마리의 다우너 소에 대해서 광우병 검사를 실시했으며, 나머지 17만 마리는 식용 또는 사료용으로 공급되었다. 미국 농무부 주장에 근거하더라도 다우너 소의 광우병 검사 비율은 전체 다우너 소 중 10.5~15.3퍼센트에 불과하다. 다우너 소 중에서 90퍼센트는 광우병 검사를 하지 않고 있다. 다우너 소 중에서 농장에서 매장하거나 폐기처분한 경우까지 포함하면 더 많은 다우너 소를 광우병 검사를 하지 않고 있다고 볼 수 있다.

오바마 정권에서 다우너 소를 인간의 식용으로 도축하는 것이 금지되어, 현재 이 소들은 인간의 식품 체계로 유입될 수 없다. 하지만 이번 캘리포니아 광우병 소 사례에서 알 수 있듯이 대부분의 소들은 광우병 검사도 거치지 않고 애완동물, 닭, 칠면조, 오리, 돼지 등의 사료 원료로 사용되고 있다.

미국은 1997년보다 강화된 사료 조치를 시행하고 있지만 여전히 광우병 위험물질 중에서 30개월령 이상에서 뇌와 척수 두 부위만 사료 원료로 사용을 금지하고 있을 뿐 "뇌와 척수의 제거 여부에 관계없이 30개월령 미만으로 보이는 소는 금지대상물질 CMPAF로 보지 않는다."라는 규정을 두고 있다.

뿐만 아니라, 송아지에게 여전히 소의 혈액으로 만든 대용유를 먹일 수 있도록 되어 있기 때문에 소가 소를 잡아먹는 동종식육이라 불리는 사료 정책에 대한 비판적 언론 보도[52]와 전문가들의 문제 제기가 지속적으로 진행되고 있다.

현재 미국에서는 소에게 소를 원료로 만든 동물성 사료의 투여를 금지하고 있지만, 돼지·닭·칠면조·오리·말·물고기를 원료로 만든 동물성 사료를 먹이도록 허용하고 있다. 미국 소비자연맹은

미국의 이러한 사료 정책에 대해 다음 세 가지 허점이 있다고 지적한 바 있다.[53]

첫째, 소의 혈분과 양계장 바닥의 찌꺼기를 소에게 먹이는 것은 광우병을 전염시킬 잠재적 위험이 있다. 2004년 1월 미국 식품의약국FDA은 1997년 사료 조치의 허점을 막기 위해서 양계장 바닥의 찌꺼기뿐만 아니라 포유동물의 혈액 제품(혈분)을 모든 동물의 사료로 투여하는 것을 금지시켜야 한다고 발표했으나, 축산업계와 농무부의 반발에 사료 규제 조치가 후퇴하였다.

둘째, 광우병 위험물질 중에서 뇌와 척수만을 규제하는 것은 5,000마리의 소를 광우병에 감염시킬 수 있는 광우병 위험물질을 유통시킬 허점이 있다. 광우병에 감염된 소 한 마리의 특정위험물질SRM은 약 5만 마리의 소에게 광우병을 전염시킬 수 있는데, 그 중 뇌와 척수가 4만 5,100마리를 감염시킬 수 있고, 뇌와 척수를 제외한 나머지 특정위험물질에 의해 5,000마리의 소를 광우병에 감염시킬 수 있다.

셋째, 닭과 돼지를 갈아서 동물성 사료로 만들어 다시 소에게 먹이는 것을 허용하고 있다. 현재 미국은 2004년 식품의약국의 사료 규제 안보다 더 후퇴한 사료 정책을 실시하고 있기 때문에 2005년 소비자연맹의 비판은 여전히 유효하다. 미국의 강화된 사료 규제 조치와 관련하여 미국 렌더링 업계가 미국 정부(FDA)에 2008년 1월에 제출한 의견서[54]를 보더라도 미국의 광우병 관리 체계는 수많은 구멍이 뚫려 있음을 알 수 있다.

미국 렌더링협회는 30개월 이상 소에서 뇌, 척수 제거는 비현실적이라고 밝혔다. 미국 소는 연령 구분이 곤란하므로 렌더링 업자들이 30개월 이상 된 소 여부를 구분할 만한 자료를 가지고 있지 않으며, 설사 농가가 연령 자료를 제공한다 해도 그것이 정확한 것인지 업계로서는 검정할 방법이 없다는 것이다.

식품의약국은 렌더링 업자들이 연령을 검정할 때 따라야 할 지침을 제시하지 못하고 있는데, 이것은 미국이 현재 동물 개체별 식별 시스템을 의무화하지 않고 있기 때문이라고 밝혔다. 치아 식별법도 소의 대략적인 나이를 판단하는 데 사용되고 있으나, 규제용도로 사용하기에는 좋은 지표가 아니라고 주장했다. 농가에서 30개월령 이상 소가 폐사할 경우 렌더링 회사가 이를 수집하지 않을 경우 농가는 처리가 곤란하기 때문에 소의 나이를 속일 가능성도 있음을 지적했다. 육골분 등의 제품에 뇌와 척수가 포함되어 있는지 검사하는 방법도 없고, 설사 있다 하더라도 그것이 30개월령 이상 된 소의 것인지를 아는 방법도 없다는 점도 밝혔다.

그렇다면 국내에서 검역검사 강화를 통해 광우병 안전성을 확보할 수 있을까?

광우병은 소를 도축하여 뇌의 연수 부위에서 샘플을 채취해서 정밀검사를 해야 감염 여부를 확인할 수 있다. 광우병에 걸린 소의 살코기, 갈비, T-본 스테이크, 분쇄육, 내장 등을 눈으로 보거나 코로 냄새를 맡아서 확인하는 방법은 전혀 없다. 눈이나 코로 확인할 수 있는 것은 플라스틱 같은 이물질의 혼입 여부나 부패나 변질된 제품을 가려낼 수 있을 뿐이다. 따라서 정부의 검역 강화 방침은 광우병 안전 대책과 거리가 먼 실효성 없는 정책일 뿐이다.

이력 추적제도 마찬가지다. 이력 추적제는 수입산과 국내산을 구분해 줄 수 있을 뿐이며, 광우병 감염 여부에 대한 보장을 해 주지 못한다. 더군다나 정부가 지난 2009년 74억 원을 투입하여 마련한 '쇠고기 유통이력 관리 시스템'이 무용지물이 되어 버린 사실이 감사원 감사를 통해 확인되었다.[55] 수입 쇠고기에 부착하도록 한 '무선 주파수 인식RFID' 태그도 의무사항이 아니라 민간 자율에 맡겨 놓다 보니, 제대로 부착되지 않고 있었다. 심지어 정부가 무상 보급한 RFID 태그 사용률마저도 37퍼센트에 머물렀다.

결론 : 미국산 쇠고기 수입 중단과 재협상

지금까지 살펴본 바와 같이, 정부는 지난 2008년 "미국에서 광우병이 발생하면 즉각 쇠고기 수입을 중단하겠다."라고 국민에게 약속하였다. 또한, 정부는 가축전염병예방법이 개정된 이후에도 국회에서 "미국에서 광우병이 발생하면 아무런 단서 조항 없이 미국산 쇠고기 수입을 중단한다."라고 재차 확약했다. 그런데도 대국민 약속을 저버린 채 거짓말을 되풀이하고 있다.

정부가 파견한 미국 광우병 현지 조사단은 광우병 발생 농장도 못 가 보고 12일 동안 국고만 낭비한 채 돌아왔다. 미국 현지 조사단은 다음 날 일정이 어떻게 되는지, 숙소가 어디인지도 확실히 모른 채 미국 동부에서 중부를 거쳐 서부까지 '묻지 마 패키지' 관광을 하고 왔다. 그러다 보니 스스로 정보를 수집하고 조사를 진행할 엄두도 내지 못하고, 현지 가이드 역할을 한 미국 정부의 일방적인 설명만 듣고 돌아온 셈이다. 현지 조사단이 발표한 내용은 굳이 미국까지 갈 필요도 없이 전자우편으로 다 받을 수 있는 수준의 자료들이다. 현지 조사단은 미국 정부가 설명해 준 내용을 정리해서 보고할 것이 아니라 우리 국민의 건강과 안전을 위해 독자적이고 실질적인 조사를 하고 돌아왔어야 했다.

미국에서 발생한 광우병이 비전형이기 때문에 안전하다고 주장하는 미국 정부의 주장은 과학적 근거가 전혀 없다. 한국 정부는 미국 정부의 주장을 앵무새처럼 되풀이하고 있다. 비전형 광우병의 인간 전염 가능성은 아직도 과학적 논란이 진행 중인 사안일 뿐이다. 오히려 무증상 노령 소로부터 영장류에게 비전형 광우병이 전염된다는 사실을 실험적으로 확인했으며, 말초신경(살코기)에서 비전형 광우병 L형의 변형 프리온 단백질이 검출되었다. 뿐만 아니라 비전형 L형 광우병은 잠복기와 질병 발생 시 생존 기간이 더 짧다는 연구 결과도 나왔으며, 동물 실험을 통해 인간에게 전염될 수 있음이 밝혀지기도 했다.

그러므로 정부는 비전형 광우병의 안전성을 강조할 것이 아니라, 사전 예방의 원칙에 따라 전형 광우병과 동일하게 예방 조치를 취하는 것이 국민의 건강과 안전을 보호하기 위한 올바른 길임을 명심해야 한다.

미국의 광우병 위험 관리 체계도 구멍이 숭숭 뚫려 있어 신뢰할 수 없다. 유럽연합에서는 2001년부터 도축장에서 일정 연령 이상의 건강한 도축소를 대상으로 의무적으로 광우병 검사를 실시하는 능동적 예찰을 함께 하고 있기 때문에 비전형 광우병 소와 겉으로 보기엔 멀쩡하고 건강해 보이는 무증상 광우병 소를 광우병 검사를 통해 색출해 낼 수 있었다.

미국처럼 0.1퍼센트 비율로 광우병 검사를 하며, 그것도 수동적 예찰을 위주로 검사를 한다면 비전형 광우병 소나 무증상 광우병 소가 인간의 식품 체계 및 가축의 사료 체계로 유입되는 것을 차단할 수 없다.

미국의 주류 언론에서도 미국의 식품 안전 체계가 문제가 있으니 이번 기회에 식품 안전 기준을 강화해야 한다고 주장하고 있는데, 한국 정부는 앵무새처럼 "미국산 쇠고기가 안전하다."라는 말만 되풀이하고 있다.

따라서 2008년 졸속 협상 이후 새롭게 규명된 과학적 연구 결과에 따라 국민의 건강과 안전을 최대한 보장할 수 있는 수입 조건으로 미국과 재협상을 해야 할 필요성이 있다.

광우병 변형 프리온을 음식으로 섭취할 경우 편도와 내장의 파이어스 패치Peyer's patches에서 흡수되어 뇌 신경조직으로 옮겨간다.[56] 파이어스 패치는 공장, 회장, 회맹장 연접부에 존재하는 조직이다. 이 조직에서 광우병 변형 프리온이 흡수되는데, 호프만 박

사팀의 연구 결과 공장, 회맹장 연접부에서도 변형 프리온이 검출되었다.[57]

미국, 일본, 유럽연합의 특정위험물질(SRM) 비교

	미국	일본	유럽연합
뇌	30개월령 이상	모든 연령	12개월령 이상
안구(눈)	30개월령 이상	모든 연령	12개월령 이상
머리뼈	30개월령 이상	모든 연령	12개월령 이상(하악 제외)
혀	-	-	-
볼살	-	-	-
편도	30개월령 이상	모든 연령	모든 연령
삼차신경절	30개월령 이상	모든 연령	12개월령 이상
척수	30개월령 이상	모든 연령	12개월령 이상
척추(등뼈)	30개월령 이상	모든 연령	30개월령 이상
배근신경절	30개월령 이상	모든 연령	30개월령 이상
회장원위부	모든 연령	모든 연령	모든 연령
내장	-	-	모든 연령
장간막	-	-	모든 연령

이에 따라 내장 전체를 특정위험물질로 지정한 유럽의 기준은 소비자의 건강과 식품 안전을 지킬 수 있는 기준이었다는 점이 증명되었고, 미국과 캐나다(현행 한국의 수입위생조건도 미국 및 캐나다 기준이다.)는 광우병 원인체가 인간의 식품이나 가축의 사료 체계로 유입될 가능성을 있다는 점을 연구팀은 지적하고 있다.

일본이나 유럽연합[58]에 비해 현행 미국산 쇠고기 수입위생조건의 특정위험물질 기준은 우리 국민의 건강과 안전을 보호하기 위한 범위가 엄청나게 축소되었다. 지난 2006년 미국산 쇠고기 수입위생조건의 특정위험물질 기준은 일본처럼 모든 연령에서 뇌, 척추, 척수 등을 제거하는 것이었지만, 2008년 4월 18일 졸속 협상에서 현재 미국의 기준으로 후퇴하였다.

현재 유럽은 내장 전체를 특정위험물질로 지정하고 있는 데 반해, 북미 대륙(미국 및 캐나다)은 내장 중에서 회장원위부distal ileum만 특정위험물질로 지정하고 있다. 내장은 십이지장, 공장, 회장(여기까지를 소장이라고 한다), 맹장, 결장, 직장(여기까지를 대장이라고 한다)을 말한다. 내장은 창자를 뜻하는데 우리 국민들이 즐겨 먹는 곱창, 대창 등이 여기에 해당된다. 현행 미국산 쇠고기 수입위생조건에는 내장 중에서 회장원위부만을 특정위험물질로 지정하고 있으며, 30개월령 미만의 내장은 수입이 허용된 부위이다.

국민의 건강과 생명을 지키기 위한 위생 검역의 원칙은 여유당與猶堂 정약용의 당호堂號처럼 "망설이면서豫=與 겨울에 냇물을 건너는 것같이, 주저하면서猶 사방의 이웃을 두려워한다."[59]라는 마음가짐으로 지켜야 한다. 정약용은 주류 정치 세력인 노론 벽파에 비해 소수파인 남인이었으며, 주자성리학이 지배적인 시대에 한때 금기사상인 서학(천주교)을 신봉했기에 늘 생명의 위협을 느끼며 살았다.

그래서 "대체로 겨울에 냇물을 건너는 것은 차가움이 뼈를 애는 듯하니 아주 부득이한 일이 아니면 건너지 않으며, 사방의 이웃이

엿보는 것을 두려워하는 사람은 다른 사람의 시선이 자기 몸에 이를까 염려한 때문에 매우 부득이한 경우라도 하지 않는다."[60]라는 의미로 자신의 당호를 여유당與猶堂으로 지었다.

이제 봉건왕조 시대에서 민주공화국으로 시대가 바뀌었다. 봉건왕조 시대엔 백성들이 권력자들을 두려워하며 눈치를 보고 살았으나, 민주공화국엔 권력자들이 백성들을 두려워하며 눈치를 보고 살아야 마땅하다. 2008년 촛불시위에서 대중은 광우병 위험을 고려하지 않은 졸속적이고 전면적인 미국산 쇠고기 수입 개방에 항의하여 "대한민국은 민주공화국이다. 대한민국의 모든 권력은 국민으로부터 나온다."라는 헌법 제1조를 노래로 만들어 불렀다.

민주공화국에서 대통령을 비롯한 장관, 국회의원 등 권력자들은 "망설이면서 겨울에 냇물을 건너는 것같이, 주저하면서 사방의 이웃을 두려워한다."라는 마음으로 국민을 섬겨야 한다. 왜냐하면 그들의 권력은 국민으로부터 위임받은 것이기 때문이다.

따라서 이명박 정부는 국민과의 약속을 지켜 광우병이 발생한 미국산 쇠고기의 수입을 즉각 중단하고, 국민의 건강과 안전을 효과적으로 보장할 수 있도록 수입위생조건 재협상에 나서야만 할 것이다.

— 〈건강과대안 이슈 페이퍼〉, 2012년 7월

한미 FTA 협정문 초안이 국회의원에게도 공개할 수 없는 국가 기밀이라고?

지난 2월 2일, 서울행정법원은 민주노동당의 권영길 의원과 강기갑 의원의 '한미 FTA 협정문 초안' 정보공개 청구를 기각한다는 어처구니없는 판결을 내렸다. 법원은 '한미 FTA 협정문 초안'은 "정보공개법 제9조 1항의 2조 국가안전보장·국방·통일·외교관계 등에 관한 사항으로서 공개될 경우 국가의 중대한 이익을 현저히 해할 우려가 있다."라고 주장한다.

국민의 대표로 선출된 국회의원이 국익을 해칠 우려가 있다면 우리의 국익은 누가 지켜 준다는 말인지 도무지 이해하기 힘들다. 게다가 행정부의 몇몇 고위 관료들이 밀실에서 국가의 운명을 제멋대로 좌지우지하는 현재와 같은 상황을 국민의 대표인 국회의원이 아니면 어느 누가 통제할 수 있단 말인가.

행정부의 통상 독재를 막기 위해 국회는 국민의 대의기관으로서 한미 FTA 협정과 관련된 모든 사항을 알 권리가 있다. 사실 우리 측 협정문 초안은 이미 미국 통상대표부의 협상단에 공개가 되었기 때문에 기밀이라는 말 자체가 성립되지 않는다.

비공개로 일관하고 있는 한국과는 반대로 미국의 통상법 조항에는 FTA 협상을 시작하기 전부터 진행 과정에 이르기까지 의회에 충분하고도 완전한 정보를 제공하도록 규정하고 있다. 2002년 미국 무역법에는 통상 협정으로 인해 발생하는 국내 실업 대책, 피해 분야 기업 대책, 농민 대책 등이 명시되어 있다. 또한 미국은 상·하원 의원들뿐만 아니라 이해관계자들에게도 협정문 초안을 공개하고 있으며, 각 분야의 자문위원들과 산업계가 한미 FTA의 협상 목표 수립, 협상 도중 목표의 수정, 협상 완료 후 평가 등의 과정에 참여하고 있다. 이에 따라 미국은 산업계의 전문가들을 비롯한 700여 자문위원 그룹과 26개의 자문회의를 통해 한국의 협상전략 및 협정문 등에 대한 종합적 분석을 하고 있다.

미국이 협정문 초안을 공개했다는 그 구체적인 증거가 이미 공개된 바 있다. 수백 개 제약 관련 기업을 회원으로 둔 미국의 한 협회는 미국 무역대표부의 민간자문위원회에 의견서를 보내 "한미

FTA 협정문에 대한 몇 가지 수정을 제안한다."라면서 그 대상으로 의약품의 특허권, 독점권 등을 언급했던 것이 밝혀졌다. 특히 의견서는 "지적재산권에 관한 장 제9조"에 대해 "동일 또는 유사 품목"에서 "유사"란 표현은 삭제돼야 한다거나 "제8조의 (7)(a)-(b)항은 특허 기간 연장을 최대 5년으로 제한해야 한다."라는 등 구체적인 내용들을 담고 있었다. 이와 같은 문서가 나올 수 있었던 배경은 미국 정부의 한미 FTA 협정문 공개다. 미국 의약품 업계의 많은 사람들과 단체들은 한미 FTA 협상문 초안을 공유했으며, 한자리에 모여서 자신들의 이익을 극대화시킬 구체적 내용에 대해 협의를 벌였다.

상황이 이러한데도 노무현 정부는 여태껏 통합 협정문이나 초안, FTA를 결정하게 된 배경, 안건을 소상하게 설명하는 대외경제위원회 자료를 전혀 공개하지 않고 있다. 노무현 정부의 통상 독재는 국회를 허수아비 거수기로 만들고, 법원을 정권의 시녀로 전락시킬 위험이 있다. 이번에 서울행정법원이 한미 FTA 협정문 초안 정보공개 청구를 기각한 것은 우리의 민주주의를 과거 권위주의 독재 시대로 후퇴시킨 반시대적인 판결로 사회적 지탄을 받아 마땅하다고 생각한다.

정보의 공개와 다양한 의견 수렴을 통한 의사 결정은 민주주의의 기본이라고 할 수 있다. 현재 한국의 민주주의는 심각한 위기 상태에 빠져 있다. 과거의 역사는 친일 반민족 행위, 노근리·경산 코발트 광산·대전형무소 등에서 대규모 민간인 학살, 광주 5·18

학살, 인혁당 사건·동백림 사건 등 간첩 조작 사건의 배경에 국익을 빙자한 정보 독점과 비밀주의가 똬리를 틀고 있었다는 사실을 기록하고 있다. 법원은 국민의 알 권리와 진정한 국익을 위해서 한미 FTA 협정문 초안을 비롯한 모든 정보를 투명하게 공개하라는 판결을 내릴 수 있는 진정한 용기를 보여 주길 기대한다.

— 〈참여연대 사법감시센터 '판결비평'〉, 2007년 2월 26일

2장

인플루엔자

조류 독감 재발 방지와 국민 건강 보호 방안

왜 '조류 독감'이 'AI' 또는 '조류 인플루엔자'로 바뀌어 불리게 되었는가

농림부는 대중적으로 널리 쓰이고 있는 '조류 독감AI: avian influenza'이라는 용어 대신에 '조류 인플루엔자'라는 용어를 쓸 것을 언론에 권장해 왔다. 이것은 미국 기업과 정부가 의도적으로 유전자 조작 농산물GMO이라는 용어 대신 생명공학 농산물이라는 용어를 사용하고 있는 것과 같은 맥락으로 해석할 수 있다. 기업의 이익을 대변하며 전문가 행세를 하는 사람들은 부드럽고 달콤한 용어로 포장하여 식품 안전에 대한 대중의 우려를 희석시키려고 노력하고 있다.

실제로 지난 2005년 11월 국회 토론에서 건국대학교 한성일 교수는 "일부 전문가 및 매스컴에서 아직까지도 '조류 독감'이라고 부르고 있는데, '조류 인플루엔자'로 해야 한다. 조류 독감이라고 했을 경우 일반 국민이 갖게 되는 공포심은 자칫 가금(닭, 오리) 산업, 나아가서 국내 농식품 산업 전반에 좋지 않은 영향을 미칠 수도 있기 때문이다."라고 주장했다.

정부의 주장대로 조류 독감 바이러스는 열에 약한 것이 사실이다. 그러나 생닭을 만지는 요리자와 조리 도구를 통한 위험도 충분히 홍보해야 한다. 뿐만 아니라, 변종 조류 독감 바이러스에 의한 사람 간 전염으로 대유행이 될 가능성에 대해서도 경각심을 늦추지 말아야 한다.

그러나 농림부는 국민 건강과 식탁 안전보다 양계 산업의 경제적 이익과 닭고기·오리고기·달걀·오리알·메추리알 등을 유통·판매하는 기업체의 경제적 어려움만을 고려하고 있다는 비판을 받고 있다.

조류 독감과 공장형 축산업

조류 독감은 인간뿐만 아니라 돼지, 오리 등의 동물에게 옮길 수 있는 인수 공통 전염병이다. 세계보건기구WHO 통계에 따르면 2008년 4월 17일 현재, 전 세계적으로 381명이 조류 인플루엔자

고병원성 조류 독감 사망자 통계 (WHO, 2008년 4월 17일 현재)

연도 / 나라	2003		2004		2005		2006		2007		2008		전체	
	감염	사망	감염	사망	감염	사망	감염	사망	감염	사망	감염	사망	감염	사망
아제르바이잔	0	0	0	0	0	0	8	5	0	0	0	0	**8**	**5**
캄보디아	0	0	0	0	4	4	2	2	1	1	0	0	**7**	**7**
중국	1	1	0	0	8	5	13	8	5	3	3	3	**30**	**20**
지부티	0	0	0	0	0	0	1	0	0	0	0	0	**1**	**0**
이집트	0	0	0	0	0	0	18	10	25	9	7	3	**50**	**22**
인도네시아	0	0	0	0	20	13	55	45	42	37	15	12	**132**	**107**
이라크	0	0	0	0	0	0	3	2	0	0	0	0	**3**	**2**
라오스	0	0	0	0	0	0	0	0	2	2	0	0	**2**	**2**
미얀마	0	0	0	0	0	0	0	0	1	0	0	0	**1**	**0**
나이지리아	0	0	0	0	0	0	0	0	1	1	0	0	**1**	**1**
파키스탄	0	0	0	0	0	0	0	0	3	1	0	0	**3**	**1**
태국	0	0	17	12	5	2	3	3	0	0	0	0	**25**	**17**
터키	0	0	0	0	0	0	12	4	0	0	0	0	**12**	**4**
베트남	3	3	29	20	61	19	0	0	8	5	5	5	**106**	**52**
전체	**4**	**4**	**46**	**32**	**98**	**43**	**115**	**79**	**88**	**59**	**30**	**23**	**381**	**240**

에 감염되어 240명(63퍼센트)이 사망했다. 국내의 전문가들과 정부 당국자들은 철새나 변종 바이러스를 조류 인플루엔자의 원인으로 지목해 왔다. 그러나 이러한 입장은 아무도 책임지지 않기 위한 구실 아니냐는 의혹에서 자유로울 수 없다.

조류 인플루엔자 바이러스는 철새를 매개로 전염될 수도 있겠지만 사람이나 자동차, 사료 등을 통해서도 전파될 수 있다. 동물의 분변이나 공기를 통해서도 바이러스가 옮겨질 수 있으며, 조류 인플루엔자 발생 지역을 여행하고 돌아온 여행객이나 동물을 통해서도 감염이 가능하다.

게다가 바이러스는 환경과 숙주에 적응하기 위하여 끊임없이 돌연변이를 일으킨다. 돌연변이는 특별한 현상이 아니라 바이러스의 삶 자체라고 볼 수 있다. 그렇기 때문에 철새나 변종 바이러스에 모든 책임을 떠넘기는 것은 정당하지 않다. 오히려 공장형 사육 방식으로 육류를 생산하는 현대 축산업이야말로 대재앙의 근본 원인이 아닐까?

닭은 자연 상태에서 평균적으로 5~7년을 생존할 수 있다. 기네스북에 올라 있는 최장수 닭은 16년까지 살았다고 한다. 하지만 현대의 공장형 축산업은 최소 비용으로 최대 수익을 내기 위해 닭의 평균 수명을 대폭 줄여 버렸다. 닭고기를 생산하기 위한 육계의 평균 수명은 6~7주에 불과하다.

그나마 달걀을 생산하기 위한 산란계는 형편이 조금 나아서 550일까지 살 수도 있다. 그 대신 산란계는 산란율을 높이기 위해

강제로 털갈이를 당하고, 어둠 속에 갇혀 지내는 끔찍한 감옥 생활을 감수해야 한다. 현대 축산업은 닭고기와 달걀을 대량 생산하기 위해 좁고 밀폐된 공간에 발 디딜 틈이 없을 정도로 많은 병아리들을 몰아넣는다. 병아리들이 서로 쪼아서 죽이지 못하도록 생후 10일이면 강제로 부리를 싹둑 잘라 버린다.

밀집 사육에 따른 각종 질병을 예방한다는 명목으로 거의 매일 항생제를 사료나 물에 섞어 먹인다. 더군다나 닭들은 유전자 조작 방식으로 생산된 GMO 옥수수 가루에 각종 화학물질을 버무려 놓은 모이를 강제 급식을 당하게 된다. 더 빨리 살이 찌고 더 많은 달걀을 낳을 수 있도록 성장 촉진제와 성장 호르몬을 먹이는 것도 필수 코스에 속한다.

공장형 농장에서 사육당하는 닭들은 질병에 대한 면역력이 눈에 띄게 떨어져 조류 인플루엔자 바이러스에 치명적이다. 반면, 야생 철새들은 조류 인플루엔자 바이러스와 공존하는 자연의 지혜를 터득하여 떼죽음을 당하는 일이 거의 없다. 인간이 조류 인플루엔자 바이러스를 박멸하거나 야생 철새를 멸종시키겠다는 생각은 환경 대재앙을 불러올 오만에 불과하다. 지금 우리에게 필요한 조류 인플루엔자 방역 대책은 경제적 논리에 눈과 귀가 멀어 이윤만을 추구하는 공장형 축산 방식을 근본적으로 성찰하는 것이라고 생각한다.

타미플루 비축량이 현저하게 떨어지는 이유는 무엇인가?

조류 인플루엔자 바이러스 대유행 초기에 환자 치료에 사용할 수 있는 약제로 타미플루(성분명 Oseltamivir)가 개발되어 있으나, 아직까지 효과가 탁월한 예방 백신은 개발되지 못한 상태다.

타미플루는 1996년 미국 제약회사 길리어드에서 개발한 뒤, 스위스의 제약회사 로슈홀딩Roche Holding이 특허권을 사들여 2006년 현재까지 독점 생산하고 있다. 로슈의 특허권은 2016년까지다.

세계보건기구는 로슈가 10년 동안 생산 시설을 완전 가동하더라도 세계 인구가 복용할 타미플루의 20퍼센트밖에 생산할 수 없다고 보고 있다. 이 때문에 세계 각국에서는 지적재산권자의 허락 없이 강제로 특허를 사용할 수 있도록 하는 특허의 배타적 권리에 대한 '강제 실시권'을 부여해야 한다는 압력이 거세게 일고 있다.

경구제인 타미플루는 증상이 발생한 뒤 48시간 안에 복용해야 최대 효과를 얻을 수 있다. 5일 동안 하루에 1캡슐씩 2회에 걸쳐 복용한다. 그러므로 미리 충분한 양을 비축하지 않고 조류 인플루엔자가 대유행한 다음에 타미플루를 생산하는 것은 너무 늦은 조치가 되고 만다.

현재 정부에서는 120만 명 분의 타미플루를 비축하고 있다. 그러나 전문가들은 조류 인플루엔자가 대유행할 경우에 최소한 500만 명 분의 타미플루를 비축하고 있어야 적절하게 대처할 수 있다고 비판하고 있다.

현재 진행 중인 한미 FTA 협상에서 미국은 '강제 실시권'을 극도로 제한적인 범위에서만 허용해야 한다고 주장하고 있다. 그렇기 때문에 한미 FTA 협상이 타결될 경우, 국민의 생명과 건강권이 극도로 위축될 우려가 높다는 비판이 꾸준히 제기되고 있다.

한편, 타미플루는 모든 조류 독감을 치료할 수 있는 만병통치약이 아니다. 타미플루는 조류 독감 바이러스 자체를 죽이지는 못하고, 증식을 못하게 억제할 뿐이다. 또한, 조류 독감에 감염된 후 48시간 내에 복용해야만 효과를 볼 수 있다. 게다가 이상행동 후 사망 또는 청소년의 자살 유발, 알레르기 등의 부작용과 내성도 심각한 문제가 되고 있다.

원칙이 뒤바뀐 '살처분 조치'

인플루엔자라는 말은 '영향'이라는 뜻이 담긴 이탈리아어에 뿌리를 두고 있다. 인플루엔자influenza는 이탈리아어로 '추위의 영향influenza di freddo'이라는 뜻에서 쓰이기 시작했다. 서양 사람들은 추위의 영향 때문에 독감을 앓는다고 생각했다. 우리나라나 중국에서도 겨울의 추운 바람이나 봄의 차가운 기운 때문에 감기에 걸린다고 알았다. 중국 전통의학에서 상한傷寒은 겨울의 한풍寒風이나 봄의 냉기冷氣로부터 오는 것이라 설명한다.

현대의 과학자들은 조류 독감의 원인이 바이러스 때문이라는 사실을 밝혀냈다. 독감 바이러스는 1933년 윌슨 스미스 교수 등 3명이 인간 독감을 흰족제비에게 전염시키면서 발견했으며, 독감 바이러스의 유전자는 1968년에야 밝혀졌다.

조류 독감 바이러스Orthomyxoviridae科는 병원성病原性에 따라 고高병원성·약弱병원성·비非병원성 세 종류로 구분된다. 세 가지 유형 중 고병원성은 A형, 약병원성은 B형, 비병원성은 C형으로 불린다.

고병원성인 A형이 인간 생명과 건강, 식탁 안전에서 특히 중요하다. A형 조류 인플루엔자 바이러스는 외피 단백질에 따라 H형과 N형의 하부 유형이 결정된다. H형은 Hemagglutinin(HA)이라는 숙주세포 부착 도구 역할을 하는 항원을 가지고 있으며, H1~H16까지 16가지로 분류된다. N형은 Neuraminidase(NA)라는 감염 후 세포 탈출 도구 역할을 하는 항원을 가지고 있으며, N1~N9까지 9가지로 분류된다.

A형 인플루엔자 바이러스는 항원 변이가 심하여 HA와 NA가 주기적으로 변화하고 있으며, 이에 따라 지속적인 유행병 발생의 원인이 되고 있다. 1918년 전 세계적으로 5,000만 명의 목숨을 앗아간 스페인 독감 바이러스는 H1N1의 하부 유형이었으며, 1957~58년에 유행한 아시아 인플루엔자 바이러스는 H2N2의 하

부 유형이었다. 그리고 1968~69년에 유행한 홍콩 인플루엔자 바이러스는 H3N2의 하부 유형이었다. 최근 문제가 되고 있는 고병원성 조류 인플루엔자 바이러스는 H5N1의 하부 유형이며, 전문가들은 사람 간 감염 전파 능력을 갖춘 신종 바이러스가 대유행할 경우 막대한 피해를 유발할 것이라고 경고하고 있다.

인간이 조류 인플루엔자에 감염되는 경로를 보면, 조류의 분비물을 직접 접촉할 때 주로 일어나며, 비말飛沫·물, 사람의 발, 사료차, 기구, 장비, 알 겉면에 묻은 분변 등에 의해서도 전파될 수 있다.

임상 증상은 감염된 바이러스의 병원성에 따라 다양하지만 대체로 호흡기 증상과 설사, 급격한 산란율의 감소가 나타난다. 경우에 따라 볏 등 머리 부위에 청색증이 나타나고, 안면에 부종이 생기거나 깃털이 한 곳으로 모이는 현상이 나타나기도 한다. 조류 인플루엔자에 감염된 사람의 경우도 열이 높거나 호흡기 증상 등이 나타난다.

하지만 조류 독감의 방역에는 [확실한 방역에 초점을 맞추기보다는] 여전히 여러 가지가 '영향'을 끼치고 있다. 살처분 조치만 하더라도, 정부는 살처분 보상금으로 지급될 예산, 닭이나 오리를 사육하는 농가의 경제적 피해, 국민의 건강과 식탁 안전 등의 영향을 종합적으로 고려하여 그 기준을 정한다.

정부는 지난 4월 3일 전북 김제에서 조류 독감 의심 증상이 나타나자 해당 농장의 닭만을 대상으로 살처분을 실시했다. 다음

날 전북 정읍의 오리 농장에서도 조류 독감 의심 사례가 접수되었지만 "기온이 상승해서 날씨가 따뜻해졌기 때문에 조류 독감이 확산될 가능성이 낮다."라는 이유로 500미터 반경에 대해서만 살처분을 실시했다. 그 사이 전염병이 처음 발생한 농장에서 불과 1.7킬로미터 떨어진 오리 농장에서 대대적인 밀반출이 이루어져 전라남도와 경기도에까지 조류 독감이 확산되었다.

정부가 3킬로미터 반경 내의 살처분 원칙을 지키지 않은 이유는 무엇이었을까?

아마도 정부가 살처분 범위를 축소하도록 영향을 끼친 것은 축산 농가의 경제적 피해를 최소화하겠다는 의도였을 것으로 짐작된다. 유통업자와 농장주가 조류 독감에 감염되었을 가능성이 높았던 오리를 밀반출하도록 영향을 준 것도 살처분 보상금이 적어 경제적 손실이 크다고 판단했기 때문일 것이다.

정부, 축산업자, 유통업자는 모두 경제적 피해를 가장 크게 고려했던 것으로 보인다. 조류 독감에 대한 이들의 인식은 "조류 인플루엔자에 감염된 가금류는 섭씨 75도 이상으로 익혀 먹으면 아무런 탈이 없다."라며 정치인과 공무원들이 앞장서서 가금류 소비 촉진 운동을 벌이는 것으로 나타나고 있다.

그렇다면 정부는 왜 수백만 마리의 멀쩡한 닭들과 오리들까지 살처분했단 말인가. 고병원성 조류 독감은 닭, 오리, 돼지, 메추리 등의 동물뿐만 아니라 인간에게도 옮길 수 있는 인수 공통 전염병이다.

1918년 가을부터 1919년까지 유행했던 스페인 독감으로 사망한 사람은 전 세계적으로 2,000만~1억 명에 이르렀다. 당시 일본에서는 2,100만 명이 감염되어 26만 명이 사망했으며, 식민지 조선에서는 740만 명이 감염되어 14만 명이 사망했다고 한다. 식민지 조선에서는 열악한 주거 환경과 위생 상태, 그리고 빈약한 영양 섭취로 인해 목숨을 잃은 백성들의 비율이 제국주의 일본보다 훨씬 높았다.

열악한 위생 환경에서 생활하는 '숙주(인간)의 밀도'가 공기를 통해 전파되는 치명적인 대유행병의 필수 조건이라면, 현재 급속도로 진행되는 세계화와 신자유주의의 결과 초래된 사회 양극화와 빈곤은 21세기형 조류 독감 대재앙을 예고하고 있다고 볼 수 있다.

1918년 독감의 희생자 수는 1997년까지 에이즈로 사망한 사람이 1,170만 명, 제1차 세계대전 동안 전투로 인한 전사자 수가 920만 명, 제2차 세계대전 전사자가 1,590만 명이라는 통계와 비교해 볼 때 실로 어마어마한 재앙이었다. 2005년 9월 말, 세계보건기구는 조류 독감 변종 바이러스가 전 세계적인 전염병이 될 경우 최대 1억 5,000만 명이 사망할 수 있다고 경고한 바 있다.

따라서 정부, 정치권, 축산업계, 유통업계는 부적절한 방역 및 살처분 조치가 국민의 생명과 건강에 엄청난 '영향'을 줄 수 있다는 사실을 결코 잊어서는 안 될 것이다.

조류 독감의 대재앙, 기우가 아니라 현실이 될 수도 있다

조류 독감은 다음 세 가지 조건이 충족될 경우 세계적인 대재앙으로 돌변할 수 있다. 첫째, 종간 장벽을 뛰어 넘어 사람에게 전파되는 조류 독감 바이러스 변이가 일어난다. 둘째, 사람에게 전파된 변종 바이러스가 조류를 매개로 하지 않고 사람과 사람 사이에 전파가 가능하다. 셋째, 변종 바이러스가 1918년 살인 독감의 사례처럼 전 세계적으로 널리 전파된다.

의학 잡지 《뉴잉글랜드 저널 오브 메디신》은 2005년 1월호에 태국의 11살짜리 소녀가 어머니와 숙모에게 조류 독감(H5N1) 바이러스를 옮겼을 것으로 보인다고 보고했다. 또한 2005년 5월 23일, 세계보건기구도 인도네시아 수마트라에서 일가족 8명이 조류 독감에 감염된 것과 관련하여 조사를 벌인 결과 '인간 대 인간' 전염 가능성을 배제할 수 없다고 밝혔다.

지난 2006년 5월에도 인도네시아 수마트라섬에서도 가족 7명이 조류 독감 바이러스에 감염됐으며, 당시 실험 결과 인간 대 인간 감염이 가능한 것으로 확인돼 국제적인 이목이 집중되기도 했다.

뿐만 아니라, 2008년 4월 8일자 《랜싯》에도 중국에서 인간 대 인간 전염으로 사망한 조류 독감 환자가 발생했다는 주장을 담은 논문 〈Probable limited person-to-person transmission of highly pathogenic avian influenza A (H5N1) virus in China〉가 게재되기도 했다.

한국의 경우도 지난 4월 18~19일 전북 지역에서 살처분 작업에 동원됐던 특공여단 ○대대 소속 조모(22) 상병이 부대 복귀 뒤 20일부터 고열과 호흡기 증상으로 국군수도통합병원에 후송돼 입원 진료 중이다. 이 환자에게서 조류 독감 항체 양성 반응이 나왔으며, 현재 정밀검사를 진행하고 있다.

이 사건이 일어나기 훨씬 전에도 국내에서 조류 독감(H5N1) 바이러스 항체 양성 반응이 나온 적이 있었다. 질병관리본부는 2006년 2월 24일, "2003년 말 가금류 살처분에 참여했던 11명의 혈청을 미국 질병통제센터CDC에 보내 고병원성 조류 독감(H5N1) 바이러스 항체 검사를 실시한 결과 4명이 양성 반응을 보였다."라고 밝힌 바 있다

세계보건기구는 조류 독감 의심 환자를 두 단계로 분류하고 있다. 우선 조류 독감 발생 지역에서 조류 독감 바이러스에 노출됐고 고열과 폐렴 증상을 보이면 1단계로, 조류 독감 의심 환자로 분류한다. 2단계로 유전자 증폭 검사PCR 등에서 조류 독감 바이러스 양성 반응을 보이면 조류 독감 추정 환자로 나눈다. 최종적으로 조류 독감 바이러스가 분리되거나 2~3주 간격으로 실시한 바이러스 항체 검사에서 항체가 4배 이상 증가한 것으로 나올 때는 조류 독감 확진 환자로 분류하고 있다.

세계보건기구는 사람 간 감염이 가능한 새로운 변종의 조류 독

감 바이러스가 출현할 것이라는 가설을 바탕으로 각국 정부에 대책 마련을 촉구하고 있다. 우리 정부도 피해가능성을 입증할 수 있는 과학적 증거가 불충분하거나 불확실하더라도 임시적으로 보다 높은 강도의 보호 조치를 취하는 '사전 예방의 원칙'을 국민 생명과 건강을 지키기 위한 기본 원칙으로 채택할 시점이 되었다고 생각한다.

— 〈조류 인플루엔자 발병 원인과 해결을 위한 토론회〉(환경운동연합 주최) 발표문, 2008년 4월

2009년 돼지 독감 대유행의 정치경제학

2009년 8월 14일, 마거릿 챈Margaret Chan 세계보건기구 사무총장은 돼지 독감(신종 플루) 대유행 2차 파고swine flu pandemic's second wave를 경고했다. 국내에서도 9월 2일 네 번째 사망자가 발생하면서 대중들의 공포가 점점 극심해지고 있는 상황이다.

현재까지 과학적으로 규명된 사실은 이번 인플루엔자 대유행의 원인이 'Swine Influenza(H1N1) virus'라는 것이다. 과학자들은 아직까지 돼지의 바이러스가 어떤 경로를 통해 종간 장벽을 뛰어

넘어 인체에 전염된 후 인간 대 인간 전염 능력을 획득하여 대유행pandemic에 이르게 되었는지를 확실히 규명하지 못한 상황이다.

2009년 인플루엔자 대유행의 대책을 세우기 위해서는 전염병의 의학·수의학적 배경뿐만 아니라 정치경제학적 배경을 이해하는 것이 중요하다. 이 글에서는 2009년 돼지 인플루엔자 A 바이러스(H1N1) 대유행의 원인과 명명법을 둘러싼 암투, 그리고 이러한 암투의 정치경제학적 배경 및 그 대응에 관해서 살펴보고자 한다.

명칭을 둘러싼 암투
: 돼지 독감 → 멕시코 독감 → 신종 플루

2009년 돼지 독감 대유행 바이러스의 기원은 아직도 미궁 속에 빠져 있는 상황이지만, 지금까지 알려진 내용으로 불완전하나마 재구성을 해 보면 다음과 같다.

돼지 인플루엔자(H1N1) 바이러스는 최소한 1998년 이후부터 10년 이상 북미 대륙의 돼지 농장을 떠돌고 있었다. 그러다가 2009년 2월 멕시코의 베라크루스 주 라글로리아 지역에서 집단적인 감기 및 발열 증상이 발생했다.[1] 멕시코 보건 당국은 3월 23일 라글로리아 지역 주민들을 대상으로 검사를 실시했으며, 4월 13일 38세 멕시코인이 처음으로 사망했다.

3월 15일에서 4월 19일까지, 멕시코시티에서 산발적인 감염자가 증가하기 시작했으며, 돼지 인플루엔자 바이러스가 인간 대 인간 전염 능력을 유지하게 되었다. 4월 5일에서 29일, 때마침 부활절 연휴 기간이었는데, 많은 사람이 휴가에서 돌아온 이후 감염자가 급증하기 시작했다. 최근 북미 지역의 돼지 인플루엔자 초기 감염에 관한 통계역학 연구 결과에 따르면, 바이러스에 감염된 모든 사람은 기침이나 고열, 그 밖의 다른 증상이 나타나기 전 3일 동안 다른 1.5명의 사람에게 바이러스를 전염시킬 수 있다. 따라서 이번 돼지 독감 바이러스는 1957년 독감이나 1968년 독감, 또는 2003년 사스SARS: Sudden Acute Respiratory Syndrome만큼이나 전염 속도가 빠르다고 볼 수 있다.[2]

비슷한 시기 미국에서도 돼지 독감 증상이 나타나기 시작했다. 3월 28일에서 30일, 미국 캘리포니아 주의 샌디에이고 지역에서 10세 소년과 9세 소녀가 심한 기침과 고열 증상을 보였다.[3]

따라서 멕시코와 미국 중 어디에서 먼저 돼지 독감 환자가 발생했는지 논란이 될 수 있으며, 미국 정부와 멕시코 정부 사이에 최초 발생지를 둘러싸고 팽팽한 신경전이 벌어지기도 했다.

미국 질병통제센터가 돼지 인플루엔자(H1N1) 바이러스 환자를 공식 확인한 것은 지난 4월 15일이다. 당연히 바이러스 명칭도 돼지 인플루엔자라고 불렀으며, 언론들은 이를 줄여서 돼지 독감Swine Flu이라고 불렀다. 그런데 미국 축산업계와 농무부 등이 경제적 이유 때문에 명칭의 변경을 요구했다.

축산업계와 미국 농무부 등의 이해를 대변한 국제수역사무국도 4월 28일 "A형(고병원성) H1N1 혈청형 돼지 독감의 인간 발병에 대해 식품을 통한 바이러스의 전염 사례가 없으며 동물로부터 바이러스의 검출이 확인되지 않았으므로, 과학적 근거에 기반해서 돼지 독감swine influenza으로 부르지 말아야 한다."라는 성명을 냈다.[4]

국제수역사무국의 이러한 발 빠른 대응은 역사적 경험을 반영하고 있는 것으로 보인다. 1918년 스페인 독감이 유행할 때도 미군 병사들의 발병 원인이 돼지 농장으로 지목되자 양돈업자들이 국제수역사무국 성명서 내용과 유사한 주장을 한 바 있다.

한국 정부 내에서도 명칭을 둘러싼 갈등이 드러나기도 했다. 보건복지부는 Swine Influenza(SI)라 명명했고, 농림수산식품부는 Mexico Flu(MI)라고 명칭을 바꾸기도 했다.

미국 정부, 국제수역사무국, 유엔 식량농업기구FAO 등으로부터 압력을 받은 세계보건기구는 4월 30일 Swine Influenza라는 명칭을 Influenza A(H1N1)로 바꿨다. 이에 따라 한국 정부도 '신종 플루'라고 명칭을 바꾸고 혼선을 빚었던 정부 부처 간 이견을 해소했다. 사실 '신종 플루'는 새로운 용어가 아니다. 정부는 1997년 이후 동남아시아를 중심으로 한 조류 독감(Avian influenza A H5N1) 유행으로 사람 간 전파 능력 획득도 시간문제라고 예측하고, 대유행에 대비하여 〈신종 인플루엔자 대유행 대비 대응 계획〉을 수립하기도 했다.[5]

그러나 아이러니하게도 세계보건기구가 정치적 결정을 통해 명칭을 바꾼 바로 그 시점에 과학자들은 바이러스의 유전자 분석을 통해 돼지 독감Swine influenza 바이러스임을 확인하였다. 과학 잡지 《사이언스》의 홈페이지에는 이러한 상황을 "돼지 독감의 명명법이 돼지 독감 그 자체보다도 더 빨리 진화했다."[6]라고 조롱하는 글이 게재되기도 했다.

현재 세계보건기구와 각국 정부가 공식 채택하고 있는 '신종 플루' 또는 'Influenza A(H1N1)'는 돼지의 호흡기 상피세포에 사람, 돼지, 조류의 인플루엔자 바이러스 수용체가 있다는 사실을 간과하고 있다. 이러한 사실 때문에 돼지를 "바이러스의 혼합 도가니mixing vessel"라고 부르고 있으며, 인플루엔자에 감염된 돼지는 3개월간 무증상 상태에서 매개체 역할을 할 수 있는 점[7]도 간과해서는 안 된다.

조류는 3~4주 동안 분변에서 바이러스를 배설하고, 혈액이나 비장, 신장, 내장 등에서 바이러스가 분리되며, 표층수를 통한 분변-구강 감염 경로를 통해 전염된다. 다행히 돼지는 호흡기를 제외하고 나머지 다른 장기나 기관에서 바이러스가 분리되지 않는다. 그렇지만 돼지가 혼합 도가니의 역할을 함으로써 인플루엔자 바이러스가 인체 혹은 조류에서 적응adaptation하는 능력을 충분히 획득한다면 강력한 병원성을 지닌 돌연변이 바이러스가 나타날 수 있다. 이 돌연변이 바이러스는 종간 장벽을 뛰어넘어 수많은 인간의 생명을 앗아가는 대유행을 불러일으킬 가능성이 존재한다.[8]

3중 조합 돼지 인플루엔자 A 바이러스(H1N1)는 1998~2009년 사이에 종간 장벽을 뛰어넘어 사람에게 산발적으로 전염되었는데, 감염자들은 모두 돼지와 밀접한 관련이 있는 사람들이었다. 3중 조합 돼지 인플루엔자 A 바이러스(H1N1)의 인체 전염이 처음 보고된 것은 2005년 위스콘신 주의 도축장에서 돼지에게 노출된 17세 소년이었다.[9] 'Swine influenza A/Wisconsin/87/2005(H1N1)'로 명명된 돼지 독감 바이러스에 감염된 소년은 두통, 설사, 허리 통증, 기침 등의 증상을 보였으나 열은 높지 않았다. 그는 11월 11일 불활성 독감 예방 주사를 비강으로 접종받았으나 12월 7일 독감 증상이 나타났고, 12월 8일 신속 검사 키트를 이용하여 인플루엔자 A에 감염된 사실이 확인되었다. 이후 2005년에서 2009년 사이에 3중 조합 돼지 인플루엔자 A(H1N1) 바이러스에 감염된 사람이 11건 보고되었으며, 이 환자들은 모두 돼지에 노출된 적이 있었다.[10] 이렇듯 역사적 관점에서 인플루엔자 A 바이러스의 진화 과정을 고찰해 보았을 때, 2009년 돼지 독감 바이러스는 돼지에게서 인간에게 전염된 것이다.[11]

돼지 농장의 노동자들, 돼지 도축장의 노동자들, 농장주들과 그 가족들뿐만 아니라 돼지의 질병을 예방하고 치료하는 수의사들도 돼지 독감 바이러스의 전염원이 되었을 가능성이 있다. 지난 5월, 아이오와대학교 연구팀은 수의사들이 동물로부터 바이러스나 세균에 감염된 후 동물 병원체를 인체로 옮기는 매개체 역할을 할 수 있다는 연구 결과를 《미국 수의사협회지》에 발표하기도 했다.[12]

그런데 세계보건기구, 국제수역사무국, 식량농업기구 등 국제기구들과 축산업계 및 각국 정부들은 의도적인지 비의도적인지 확실하지는 않지만 2009년 돼지 독감 대유행의 원인으로서 돼지를 과소평가하는 우를 범하고 있다. 양돈 산업의 경제적 이해관계 때문에 돼지 농장의 역학 조사가 광범위하게 실시되지 못했으며, 질병의 명칭까지도 돼지 독감에서 신종 플루라고 바꿔서 부르게 되었다.

지난 6월, 멕시코의 헤라르도 나바Gerardo Nava 교수팀은 2009 대유행 인플루엔자 바이러스 단백질의 혈청 분석protein homology analysis과 계통발생적 분석phylogenetic analysis 등을 통해 이 바이러스의 기원이 돼지 인플루엔자 바이러스임을 밝혀냈다.[13] 연구를 주도한 멕시코의 헤라르도 나바 교수는 로이터 통신과의 인터뷰에서 "이번 연구 결과는 북미의 양돈이 이 바이러스를 발생시키고 유지하는 데 중요한 역할을 할 수 있다는 점을 시사한다."라고 밝혔다.[14]

2009년에 대유행한 돼지 독감 바이러스는 지난 20년 동안 북미 대륙에서 돌연변이를 거듭하면서 진화해 왔다. 특히 미국, 캐나다, 멕시코의 공장형 돼지 농장에서 지속적으로 돌연변이를 거듭했을 것으로 추정된다. 양돈업계에서는 돼지들에서 병원성이 약하거나 불현성 감염inapparent infection이 일어나는 등 실질적인 경제적 피해를 끼치지 않았기 때문에 돼지 독감 바이러스의 감시 및 방역 활동에 크게 관심을 기울이지 않은 측면이 있다. 그 사이 돼지 독감 바이러스는 공장형 돼지 농장에서 일하는 노동자들, 농장주, 수의사, 도축장 노동자들과의 접촉을 통하여 인체에 전염될 수 있는 능력을 획득했으며, 그 가족들을 통해 지역 사회에 전파된 것으로 추정된다. 그러나 아직까지 이에 대한 역학 조사 등 과학적 조사가 제대로 이루어지지 않은 상태다. 어떻게 돼지 독감 바이러스가 광범위하게 인간 대 인간 전염 능력을 획득하여 지역 사회에 전염되었는지 과학적으로 규명하기 위해서는 스미스필드 푸드, 타이슨 푸드, 카길, 스위프트 등 초국적 거대 축산 기업의 돼지 농장에 대한 역학 조사가 필수적이라고 할 수 있다.

2009년 돼지 인플루엔자 대유행의 원인

멕시코와 미국에서 발생하여 전 세계적으로 퍼져 나간 독감의 원인체가 돼지 인플루엔자 바이러스라는 사실이 과학적으로 규명되었다. 그런데 과학자들 사이에 미묘한 입장 차이가 존재한다. 《뉴잉글랜드 저널 오브 메디신》 같은 의학 잡지를 보더라도 사람, 돼지, 조류의 3중 조합 바이러스triple-reassortant swine influenza A H1 viruses[15]임을 강조하는 입장이 있으며, 최근 사람 사이에서 전염이 되고 있는 신종 바이러스Novel Swine-Origin Influenza A H1N1 Virus : S-OIV[16]임을 강조하는 입장도 있었다. 3중 조합을 강조하는 경우 사람과 사람 사이의 전염이 효율적이지 않기 때문에 대유행이 일어나지 않을 것이라는 입장으로 해석할 수 있고, S-OIV를 강조하는 전문가들은 대유행에 더 방점을 찍었다고 볼 수 있다.[17] 이후 여러 대륙에서 광범위한 지역 사회 전파가 일어남에 따라 세계보건기구가 '대유행 6단계'를 발표함으로써 원인에 대한 과학적 논쟁은 뒤로 미루어진 상태다. 현재는 항바이러스제 투여를 통한 치료 대책이나 백신을 이용한 예방 대책에 관심이 집중되어 있다. 치료약 다량 비축을 위한 강제 실시 가능 여부 논쟁, 거점 병원 지정 및 격리 병동 마련 등 진료 체계 구축, 백신 우선 접종 대상자 선정 등 현안에 대처하기 바쁜 상황이다.

1) 미국 질병통제센터의 바이러스 유전자 분석 결과

지난 4월 30일 미국 컬럼비아대학교의 라울 라바단Raul Rabadan 박사팀은 〈인간에게 감염을 일으킨 최근 돼지 인플루엔자(H1N1) 바이러스의 기원〉이라는 긴급 분석 결과를 《유로서베일런스Eurosurveillance》에 발표했다.[18]

미국 질병통제센터가 의뢰한 연구를 수행한 라바단 박사팀의 분석 결과에 따르면, 이번에 문제가 된 바이러스는 모든 유전자 조각이 돼지 인플루엔자 바이러스와 밀접한 유사성을 포함하고 있다. 8개의 유전자 조각 가운데 6개는 북미 지역에서 발생했던 돼지 독감으로부터 유래한 것이고, 나머지 2개(NA와 M)는 유라시아 지역에서 발원한 돼지 인플루엔자 바이러스였다.[19]

북미 지역에서 발생했던 돼지 독감으로부터 유래한 6개의 유전적 조각은 1998년 이후 북미 지역에서 분리된 H1N2 형과 H3N2 형의 돼지 인플루엔자 바이러스와 관련이 있으며, 특히 1998년에 분리된 swine H3N2는 조류와 돼지와 인간의 인플루엔자 바이러스의 3중 조합으로 확인되었다.

미국 질병통제센터에서 real-time RT-PCR assays를 통해 진단한 642명의 환자 샘플을 제공받아 분석한 결과를 보면, A/California/04/2009 환자의 샘플은 북미 지역에서 유행했던 3중 조합 돼지 인플루엔자 바이러스의 6개 유전자 조각(PB2, PB1, PA, HA, NP, NS)이 유사하며, 유라시아 유래의 2개 유전자(NA, M)도 유사함이 확인되었다.

그런데 그동안 북미 지역에서 유행했던 3중 조합 돼지 인플루엔자 바이러스는 HA, NP, NA, M, NS로 구성되어 있었으며, PB2와 PA는 북미의 조류 인플루엔자 바이러스 유래였으며, PB1은 인간 인플루엔자 A 바이러스 유래였다. 이번에 확인된 H1N1 S-OIV와는 유전적 구성에서 차이가 있으며, 예전에 확인된 적이 없었다.

그리고 유라시아 유래의 유전자는 A/swine/Belgium/1/83 H1N1과 유사하지만 이번 3중 조합 돼지 인플루엔자 바이러스는 북미 돼지 유래의 NA를 가지고 있는 점이 특이했다. NA의 아미노산을 비교해 보았을 때 북미 돼지 인플루엔자 바이러스와 유라시아 돼지 인플루엔자 바이러스는 77개의 차이가 존재한다. 환자 1과 2의 가검물로부터 분리된 바이러스는 2개의 뉴클레오타이드와 1개의 아미노산의 차이가 확인되었다.

또한, A/California/04/2009 환자의 M 유전자 유라시아 돼지 인플루엔자 바이러스와 유사성이 확인되었다.

1998년 북미 대륙에서 확인된 H1N1 하부 유형은 classical SIV X triple reassortant로 밝혀졌다. 당시 학자들은 돌연변이가 일어난 바이러스가 언젠가는 다시 인간을 위협할 것이라고 예상하기도 했다. 인간에게 분리된 돼지 인플루엔자 바이러스 H1N1 하부 유형은 1976년 뉴저지, 1979년 텍사스, 1980년 텍사스, 1982년 네바다, 1988년 위스콘신, 1991년 메릴랜드, 1995년 미네소타, 1997년 위스콘신에서 임상 발병 사례가 있는 것으로 보고되기도 했다.[20]

2) 신종 돼지 유래 인플루엔자 A(H1N1) 바이러스 조사팀의 연구 결과

신종 돼지 유래 인플루엔자 A(H1N1) 바이러스 조사팀은 5월 7일자 《뉴잉글랜드 저널 오브 메디신》에 이번에 문제가 된 바이러스를 '인간, 돼지, 조류 인플루엔자 A 바이러스 유전자를 포함하고 있는 3중 조합 돼지 인플루엔자 바이러스'라고 밝히면서, 이번 독감 바이러스를 '돼지 유래 인플루엔자 A(H1N1) 바이러스swine-origin influenza A H1N1 virus S-OIV'라고 명명했다.[21]

3) 영국 국립의학연구소의 연구 결과

세계보건기구의 협력 실험실인 영국 국립의학연구소는 이번 바이러스는 북미와 유라시아 지역에서 유래한 돼지 인플루엔자 A(H1N1)와 관련이 있으며, 6개의 유전자는 북미의 3중 조합 돼지 인플루엔자 바이러스triple reassortant swine viruses와 유사하고, 2개의 유전자는 유라시아 돼지 바이러스와 유사하다고 밝혔다.[22]

영국 국립의학연구소 책임자인 앨런 헤이Alan Hay 박사는 미국 질병통제센터의 바이러스 유전자 분석 결과를 전하면서 "swine-like human influenza A H1N1"이라는 표현을 사용했다.[23]

4) 돌연변이 및 내성 감시 : 2차 대유행 가능성을 주시해야

현재까지 미국, 캐나다, 덴마크, 홍콩, 일본 등에서 타미플루 내성 돼지 독감 바이러스가 검출되었다.[24] 지난 8월 21일에는 칠레에서 돼지 독감 바이러스가 종간 장벽을 뛰어넘어 조류에게 전염된 사실이 확인되었다. 칠레의 보건 당국은 산티아고 북서쪽 140킬로미터 지점에 있는 항구 도시 발파라이소 외곽에 있는 두 곳의 칠면조 농장에서 돼지 인플루엔자 바이러스에 감염된 칠면조를 유전자 검사를 통해 확정 진단하였다. 돼지 독감 바이러스에 감염된 칠면조들은 가벼운 임상 증상만을 보였으며, 아직까지는 야생 조류에 바이러스가 전염되었다거나 치명적인 돌연변이가 발생했다는 징후는 없다.[25]

미국 질병통제센터의 항바이러스제 내성 검사 결과를 보더라도 아직까지 타미플루 내성 바이러스가 널리 퍼졌다고 보기 힘들다. 미국 질병통제센터는 2008년 10월부터 최근까지 계절성 인플루엔자 A(H1N1) 바이러스 1,148건, 인플루엔자 A(H3N2) 바이러스 253건, 인플루엔자 B 바이러스 651건, 2009 돼지 독감 A(H1N1) 바이러스 1,022건에 대해 타미플루 및 릴렌자 내성 검사를 실시했다.

타미플루 및 릴렌자 내성 바이러스 비율[26]

	검사 샘플 수	타미플루 내성	릴렌자 내성
계절성 인플루엔자 A(H1N1)	1,148	1,143 (99.6%)	0 (0%)
인플루엔자 A(H3N2)	253	0 (0%)	0 (0%)
인플루엔자 B	651	0 (0%)	0 (0%)
2009년 돼지 독감 A(H1N1)	1,022	6 (0.6%)	0 (0%)

계절성 인플루엔자 A(H1N1) 바이러스는 검사 샘플의 99.6퍼센트에서 타미플루 내성을 보였으며, 2009년 돼지 독감 A(H1N1) 바이러스의 타미플루 내성률은 0.6퍼센트로 나타났다. 반면, 릴렌자는 아직까지 내성 바이러스가 나타나지 않았다.

한편, 프랑스 연구팀은 최근 《유로서베일런스》에 〈2009 H1N1 인플루엔자 관련 사망 사례 역학 조사〉 결과를 발표했다. 이들은 지난 7월 16일까지 28개국 돼지 독감 바이러스 사망자 574명을 분석했다. 그 결과 보고된 사례당 사망자 수(치명률)는 0.6퍼센트이며, 사망자가 발생한 국가별 치명률은 0.1~5.1퍼센트였다. 성별 사망자 수는 남성 257명, 여성 246명으로 거의 비슷했는데, 남성이 약간 높았다. 20~49세 젊은 층에서 사망자의 51퍼센트가 발생했으며, 60세 이상 사망자는 12퍼센트로 상대적으로 비율이 낮은 것으로 확인되었다. 사망자의 50퍼센트 이상은 다른 질병에 걸린 상태였으며, 임산부, 대사성 질환자, 비만한 사람 등이 돼지 독감 바이러스에 더 취약한 것으로 드러났다.[27]

현재까지의 과학적 연구 결과에 따르면, 2009년 돼지 독감은 20세기에 세 차례 발생한 인플루엔자 대유행보다 치명률이 높지 않은 것으로 나타났다. 1918~19년 인플루엔자 대유행 당시 치명률은 2~3퍼센트로 아주 높았으며, 건강한 젊은 성인층의 희생자가 많았다.[28]

계절성 독감 바이러스의 경우는 2009년 돼지 독감 바이러스보다 치명률은 낮거나 비슷하다. 그러나 계절성 독감으로 인해 매년 300만~500만 명이 고열, 인후통, 폐렴 등의 심한 임상 증상으로 진행되는 등 이환율이 아주 높고, 전 세계적으로 해마다 25만 명에서 50만 명이 사망하고 있다.[29]

한편 2008년 한국의 총 사망자 수는 24만 6,113명이었는데, 이를 인구 10만 명당 사망자 수인 조사망률로 환산하면 498.2명이다. 총 사망자 중 70.4퍼센트는 악성 신생물(암), 뇌혈관 질환, 심장 질환, 고의적 자해(자살), 당뇨병, 만성하기도 질환, 운수 사고, 간 질환, 폐렴, 고혈압성 질환으로 사망했다. 이 중 폐렴은 아홉 번째로 많은 사망자가 발생한 사망 원인으로 조사망률은 11.1명이었다. 2008년 폐렴 사망자는 5,434명으로 2005년 4,186명에 비해 상대적으로 많이 늘어났다.[30] 미국에서도 매년 6만여 명이 폐렴으로 사망하고 있다.

미국 질병통제센터 및 하버드-매사추세츠대학교 공동 연구팀이 지난 7월 《사이언스》에 돼지 인플루엔자(H1N1) 바이러스의 표면에 존재하는 단백질이 인간의 호흡기 상피세포의 수용체에 결합하는 능력이 별로 뛰어나지 않다는 연구 결과를 발표했다.[31] 페릿[흰담비]과 생쥐를 이용하여 실험한 결과, 돼지 독감 바이러스는 폐와 위에 감염이 일어났다. 반면, 계절성 독감 바이러스는 폐에만 감염이 일어났다. 따라서 돼지 독감 바이러스가 인체 전염 능력을 가지고 있다고 하더라도 그 전파는 제한적일 것이라고 추정했다. 다만 연구팀은 인플루엔자 바이러스는 돌연변이가 빠른 데다 이번 바이러스는 위장 내에서 오랫동안 머무를 수 있는 특성이 있어 쉽게 전파될 수 있기 때문에 경계를 늦추어선 안 된다고 밝혔다.

메릴랜드대학교 연구팀도 미국 국립보건원NIH의 지원을 받아 돼지 인플루엔자 바이러스의 돌연변이 가능성에 대한 동물 실험을 실시했다. 페릿을 실험 동물로 이용하여 돼지 독감 바이러스와 계절성 독감 바이러스를 동시에 감염시킨 실험을 실시한 결과, 두 바이러스의 계통균주strains가 서로 원활하게 조합이 이루어지지 않는 것으로 밝혀졌다.[32] 이들의 실험 결과도 이번 겨울에 돌연변이가 나타날 가능성이 희박하다는 점을 시사한다.

이와 같은 상황을 고려할 때 현재까지 나타난 2009년 돼지 독감 바이러스는 그 위험성이 약간 과대평가된 측면이 있다고 볼 수 있다. 오히려 돼지 독감 백신 생산에 지나치게 치중하다 계절성 독감 백신 생산량이 줄어들어 더 큰 피해가 발생할 우려도 제기되고 있다.

그러나 2009년 돼지 독감 대유행은 아직 끝나지 않았으며 현재 진행형이기 때문에 어느 누구도 결과를 명확히 예측할 수 없다. 이러한 불확실한 상황에서는 사전 예방의 원칙에 따라서 돌연변이에 의한 2차 대유행 가능성에 대비하여 백신과 치료제를 확보하고 적절한 대응책을 마련하는 것이 반드시 필요하다.

돼지 인플루엔자 대유행의 정치경제학

1) 공장식 축산과 북미 자유무역협정 독감

돼지 인플루엔자 대유행이 시작되기 전부터 독감 사태의 진정한 배후는 신자유주의라는 주장이 제기되었다. 미네소타대학교에서 지리학 교수로 재직 중인 로버트 월리스Robert Wallace는 4월 29일 독립 언론《지금 민주주의를》과 대담에서 이번 돼지 독감 바이러스 유행을 "북미 자유무역협정 독감NAFTA Flu"으로 명명했다.[33] 그는 소농이 몰락하고 기업형(공장형) 축산으로 집중이 이루어지면서 서구화와 대형화를 통한 신자유주의 농업 방식으로 개편되는 과정에서 전염병도 세계화 시대를 맞이하게 되었다고 주장했다.

특히, 제2차 세계대전 이후 가금류와 양돈이 크게 변화했다. 축산업이 발전함에 따라 미국의 남동쪽 몇 개 주에 축산 도시가 생겨났다. 축사의 규모는 더욱 대형화되어 한꺼번에 3만 마리까지 수용할 수 있도록 설계되었다. 이러한 공장식 축산업은 자유무역협정 같은 미국 주도 신자유주의 정책의 힘을 빌려 제3세계로 전파되었으며, 인플루엔자의 돌연변이와 전염마저도 신자유주의 시대를 맞게 된 것이다.

월리스 교수는 미국이 주도한 IMF와 세계은행의 신자유주의적 경제 구조조정 정책이 농축산업 분야를 포함한 제3세계의 시장과 투자를 개방하는 데로 유도했다고 밝혔다. 이에 따라 가난한 국가의 농축산업은 초국적 거대 기업의 먹잇감이 돼 값싼 노동력이나 땅을 제공하는 수준으로 전락했다는 것이다.

타이슨 푸드는 닭고기 부문 매출 1위, 쇠고기 부문 매출 1위, 돼지고기 부문 매출 2위를 기록하고 있는 미국 최대의 육류업체이다. 카길과 스위프트는 쇠고기 부문의 2위와 3위의 매출을 기록하고 있으며, 그 뒤를 이어서 미국 제4위의 육류 가공업체가 스미스필드 푸드*다.

현재 미국의 돼지고기 시장은 상위 5개 업체가 70퍼센트의 시

* 스미스필드Smithfield는 영국 런던의 북서부 지역에 있는 육류 시장에서 따온 이름으로 추정된다. 1183년에 이미 스미스필드에 시장이 형성되어 있었다는 기록이 있다. 중세 시대 이곳 시장은 사람들이 많이 모이는 장소였기 때문에 다양한 정치, 종교, 문화 행사들이 열렸다. 기사들이 마창 시합을 벌이기도 했으며, 종교개혁 시기에는 이곳에서 마녀들을 화형시키기도 했다. 또한, 이곳에는 12세기부터 세인트바솔로뮤 교회와 세인트바솔로뮤 병원이 세워지기도 했다.

미국의 상위 10대 육류 가공업체[34] (매출액 기준, 단위: 100만 달러)

순위	업체명	금액	주품목
1	타이슨 푸드Tyson Foods INc.	26,400	닭고기, 쇠고기, 돼지고기
2	카길Cargill Meat Solutions (Excel)	13,000	쇠고기, 돼지고기, 칠면조
3	스위프트Swift & Co.(ConAgra)	9,900	쇠고기, 돼지고기
4	스미스필드 푸드Smithfield Foods Inc.	9,300	돼지고기, 가공육
5	필그림Pilgrim's Pride Corp.	5,300	닭고기, 칠면조
6	사라 리Sara Lee Corp.	4,200	돼지고기, 닭고기, 쇠고기
7	National Beef Packing Co. LLC	3,500	쇠고기
8	호멜 푸드Hormel Foods Corp.	3,300	돼지고기, 가공육
9	오에스아이OSI Group LLC	3,300	쇠고기, 돼지고기, 닭고기
10	콘아그라ConAgra Foods Inc.	3,000	쇠고기, 돼지고기, 닭고기

장을 점유하고 있다. 2006년 기준으로 스미스필드 푸드는 26.5퍼센트의 시장 점유율을 기록하고 있으며, 타이슨 푸드가 17.4퍼센트, 스위프트가 10.9퍼센트, 카길이 8.7퍼센트, 호멜이 8.4퍼센트를 점유하고 있다.

1년 매출이 110억 달러에 이르는 세계 양돈 산업 1위 업체인 스미스필드는 미국 26개 주와 전 세계 9개국에 작업장을 가지고 있으며, 전 세계적으로 5만 7,000명을 고용하고 있다. 또한, 스미스필드는 매년 1,400만 두의 돼지를 직접 사육하고 있으며, 연간 2,700만 두의 돼지를 도축하고 있다. 1년 동안 스미스필드가 생산하는 돼지고기는 무려 59억 파운드에 이른다. 또한, 50개 이상 브랜드의 돼지고기 및 칠면조 고기 제품과 200개 이상의 고급 음식

제품을 판매하고 있다.[35]

멕시코에서 최초로 독감 환자가 발생한 것으로 알려진 베라크루스 주의 라글로리아 마을 근처에도 세계 최대의 초국적 양돈 기업인 스미스필드의 돼지 농장이 자리 잡고 있다. 스미스필드는 지난 2000년 돼지 분뇨를 농장 근처의 강에 불법으로 배출한 사실이 적발돼 미 대법원에서 1,260만 달러의 벌금을 납부하라는 판결을 받기도 했다. 라글로리아 주민들은 "돼지 농장에서 나오는 배설물과 파리 떼가 결국 문제를 일으켰다."라고 주장하고 있다. 이러한 주장은 톰 필포트Tom Philpott가 지난 4월 28일 "돼지 독감 발생이 스미스필드의 공장식 양돈 농장과 관련이 있을 수 있다."라는 글을 발표함으로써 널리 알려졌다.[36]

미국 돼지고기 생산업체의 시장 점유율(%)[37]

기업/연도	2000	2001	2002	2003	2004	2005	2006
스미스필드	18.8	20.4	19.9	22.5	26.1	25.1	26.5
타이슨	17.6	17.7	18.0	18.0	18.5	17.7	17.4
스위프트	10.5	10.2	10.7	11.5	10.8	10.8	10.9
카길	9.7	8.4	8.5	9.2	8.9	9.0	8.7
호멜	8.0	8.0	7.0	6.9	7.0	7.0	8.4
상위 5개 업체 합계	**64.6**	**64.7**	**64.1**	**68.1**	**71.3**	**69.8**	**71.9**

공장식 양돈 농장은 '과학 축산'이라는 허울을 쓰고 좀 더 빨리 살을 찌우거나 더 많은 새끼 돼지를 생산하여 이윤을 극대화

하고 있는 것으로 악명 높다. 공장형 양돈 농장에서 돼지의 평균 수명은 160~180일에 불과하다. 공장식 양돈 농장에서 돼지는 가장 육질이 좋은 110킬로그램으로 5~6개월 동안 비육하여 도축되며, 어미 돼지는 6~7차례 출산 후 번식 능력이 퇴화되는 3~4년에 도축된다. 현대 공장형 양돈업은 그 이상 돼지를 기르는 것은 사료비, 약값, 난방비, 인건비 등을 고려할 때 경제적인 낭비로 간주한다.

이윤을 극대화하기 위해 좁은 공간에 돼지를 밀집 사육하며, 감옥의 독방이나 다름없는 스톨stall에 가두어 놓는다. 특히, 새끼에게 젖을 먹이는 어미 돼지는 엎드린 자세에서 일어나 앉는 정도의 움직임만 가능하며, 사지를 쭉 펴고 눕거나 그 자리에 서서 한 바퀴 도는 정도의 기본적인 움직임조차도 불가능한 상황이다.

뿐만 아니라, 어미 돼지의 유방을 보호하고 새끼 돼지들 사이의 싸움으로 부상을 입는 것을 방지하기 위한 목적으로 송곳니를 자르며, 갇혀서 사육당하는 스트레스로 인한 공격성의 표출로 꼬리를 물어뜯는 행위를 예방하기 위한 목적으로 꼬리를 자른다.

그리고 공장식 양돈 농장은 밀집 사육으로 인한 질병 예방을 목적으로 다량의 항생제를 사료에 섞어서 먹이거나 질병 치료를 목적으로 항생제를 빈번하게 사용하기 때문에 항생제 오남용 및 내성균 문제의 온상으로 지탄을 받고 있다. 게다가 공장식 양돈 농장의 분뇨 문제는 심각한 환경 문제를 일으키고 있다. 돼지 5만 두를 사육하는 농장에서 하루 배출되는 분뇨의 양은 무려 227톤에 이른다. 양돈 농장은 저절로 코를 막게 만드는 지독한 냄새, 구역질나는 구더기와 파리들, 농장 주변의 하천, 우물, 바다, 토지를 오염시킴으로써 초래되는 엄청난 환경 재앙 등으로 사회적 지탄을 받아 왔다.

올 2월 독감 유행 당시 스미스필드 양돈 농장 인근의 라글로리아 마을 주민 1,800명 중 60퍼센트가량이 독감에 감염되었으며, 3명의 어린이가 사망했다. 스미스필드나 베라크루스 주 당국은 그 관련성을 부인하고 있지만, 지난 5월 4일 돼지 독감에 감염된 미국 내 거주 미국인 가운데 최초로 사망한 주디 도밍게스 트러넬Judy Dominguez Trunnell의 남편인 스티븐 트러넬Steven Trunnell은 텍사스 주 정부에 미국 버지니아에 본사를 둔 세계 최대의 초국적 양돈 기업인 스미스필드 푸드를 조사해 달라는 청원서를 제출했다.[38] 그의 부인은 33세로 특수학교 교사였다. 그녀는 임신 8개월에 돼지 독감 바이러스에 감염되어 사망했다. 스티븐 트러넬 씨는 스미스필드 농장에서 최초로 돼지 인플루엔자 감염증이 발병했으며, 이 양돈 농장의 "끔찍하게 비위생적인" 조건이 인플루엔자 바이러스 발병의 원인이었을 것으로 주장하고 있다.

이번 사례는 사법의 역사에서 아주 중요한 기록으로 남을 것으로 예상된다. 만일 스티븐 트러넬 씨의 이번 법적 조치가 텍사스 주 정부 당국에 의해 받아들여진다면, 비의도적이고 부주의한 전염병 창출에 대해 기업의 책임을 따져 묻는 최초의 사례가 될 것이다.

2) 치료제와 백신 : 누가 얼마나 이윤을 가져가나?

2009년 돼지 독감 대유행의 최대 수혜자는 항바이러스제(타미플루, 릴렌자)와 백신을 생산하는 거대 제약회사와 세계보건기구라고 할 수 있다. 제약회사는 새로운 시장을 만들어 냈으며, 세계보건기구는 국제기구로서 자신의 존재감과 위상을 높이는 계기가 되었다.

과학계는 1990년 초까지 인플루엔자 대유행과 관련된 연구를 거의 하지 않았으나, 1992년부터 특허와 관련 연구가 급증하기 시작했다. 미국의 길리어드가 타미플루의 원료인 오셀타미비르의 특허를 신청한 것은 1996년이다. 오셀타미비르는 중국의 토착 향료식물인 스타아니스star anise라는 나무에서 추출한 성분으로 개발되었다. 길리어드는 스위스의 초국적 제약회사 로슈에 특허 사용권을 판매했으며, 로슈는 판매액의 14~22퍼센트를 길리어드에 로열티로 지불하고 있다.[39]

도널드 럼스펠드Donald Rumsfeld는 1988년부터 길리어드 이사로 재직했으며, 1997년부터는 길리어드의 회장으로 최고경영자CEO가 되었다. 2001년 부시 행정부의 국방부 장관을 맡은 후 길리어드 회장에서 물러났지만 대주주 지위는 그대로 유지했다. 2005년 연방 고위공무원 재산 공개 당시 그가 보유하고 있던 길리어드의 주식 가치는 최저 500만 달러에서 최고 2,500만 달러에 이르렀다. 부시 행정부에서 국무부 장관을 지냈던 조지 슐츠와 전 캘리포니아 주지사 피트 윌슨의 부인도 길리어드의 이사 출신이었다.

그런데 2005년 7월 미국 국방부는 전 세계에 주둔하고 있는 미군의 응급 시에 투약할 목적으로 5,800만 달러어치를 주문했다. 미 국방부의 대량 주문으로 로슈는 급성장하기 시작했다. 2004년에 2억 5,800만 달러에 불과하던 타미플루 매출액은 2005년에 10억 달러로 치솟았다. 당연히 럼스펠드와 조지 슐츠 전임 미 국무부 장관은 주식 부자의 반열에 오르게 되었다. 슐츠는 2005년에만 700만 달러 이상의 길리어드 주식을 팔아치워 엄청난 수익을 남겼다.[40]

세계 10대 제약회사(매출액 기준, 2004년)[41]

제약회사	매출액 (100만 달러)	순익 (100만 달러)	순익 순위
1. 화이자Fizer	46,133	11,361	1
2. 글락소스미스클라인GlaxoSmithKline. GSK	32,853	8,095	4
3. 사노피-아벤티스Sanofi-Aventis	32,208	10,122	2
4. 존슨 앤 존슨Johnson & Johnson	22,128	8,509	3
5. 머크Merck & Co.	21,494	5,813	5
6. 제네카AstraZeneca	21,426	3,813	8
7. 라로슈F. Hoffman-La Roche	19,115	5,344	7
8. 노바티스Novartis	18,497	5,767	6
9. 브리스톨마이어스스퀍Bristol-Meyers Squibb	15,482	2,381	9
10. 와이어스Wyeth	13,964	1,234	10
총계	**243,300**	**62,439**	

출처: Scrip's Pharmaceutical League Tables 2005 provided by PJB Publications; company profit data (not necessarily limited to pharma sales) from 2005 Fortune Global 500.

물론 길리어드로부터 독점 생산 및 판매권을 사들인 로슈도 엄청난 수익을 올렸다. 타미플루는 정부 비축용 항바이러스제 시장의 90퍼센트를 점유하고 있으며, 2007년 22억 달러어치가 팔렸다. 로슈는 2004년 191억 달러의 매출을 올려 세계 제약 시장의 제7위였으나 올 3월에 바이오 제약업체의 선두주자 제넨테크Genentech를 인수하여 세계 제약 시장의 제2위로 도약했다.[42] (2009년 초국적 거대 제약회사들 간의 인수합병으로 제약 시장의 판도가 변했는데, 세계 제1위의 제약회사는 와이어스를 인수한 화이자(2008년 기준 매출액 591억 달러)이며, 세계 제3위의 제약회사는 셰링-플라우를 인수한 머크(2008년 기준 매출액 396억 달러)가 되었다.) 제넨테크는 유전자 조작 기술을 이용해 각종 약물을 생산하는 회사로 1978년 최초로 대장균에서 인슐린을 합성하는 데 성공한 것으로 유명하다.

로슈는 2009년 돼지 독감 유행으로 상반기에만 9억 3,800만 달러어치의 타미플루를 판매했으며, 정부와 기업에 비축용으로 판매한 타미플루 판매액이 6억 1,250만 달러에 이르렀다. 로슈의 타미플루 판매는 2008년에 비해 2009년 상반기에 203퍼센트 성장했다. 타미플루의 엄청난 판매에 힘입어 로슈 그룹 전체 판매액은 전 세계적인 경제 위기 속에서도 무려 9.0퍼센트 성장을 기록했다.[43] 돼지 독감이 전 세계적으로 더욱 확산됨에 따라 하반기에는 타미플루의 수요가 더욱 늘어날 것이므로 그 판매액도 더욱 가파르게 상승할 것으로 예상된다. 로슈는 2010년까지 매년 현재 생산량의 약 4배 수준인 4억 팩을 생산할 계획을 밝힌 바 있다.

한편 글락소스미스클라인GSK은 얼마 전 연간 1억 9,000만 팩까지 릴렌자 생산을 늘리기 위한 시설 증설을 발표했다. 2004년 매출액 기준으로 세계 제2위의 제약회사인 GSK는 인플루엔자 치료제인 릴렌자(성분명 자나미비르Zanamivir)를 독점 생산하고 있으며, 인플루엔자 백신도 생산하고 있다.

인플루엔자 백신 시장은 2007년부터 연평균 8.2퍼센트의 성장률을 기록했다. 세계 7개 주요 시장에서 계절성 독감 백신을 포함한 인플루엔자 백신 시장은 2006년에 약 22억 달러에 불과했다. 프로스트앤설리번Frost&Sullivan이 최근 발표한 분석에 따르면 2007년 백신 시장 매출액은 45억 달러를 기록했는데, 2014년에는 98억 5,000만 달러에 도달할 것으로 추정됐다.[44] 2009년 돼지 독감의 대유행으로 인해 이러한 예상을 뛰어넘는 전망들이 쏟아지고 있다. 증권가에서는 대유행병pandemic 백신 시장이 약 100억 달러 이상의 시장 규모 창출이 가능할 것으로 전망하고 있다.

그렇기 때문에 돼지 독감 피해 예측을 과장하여 제약회사에 황금알을 낳아 줄 거위라고 할 수 있는 백신 정책을 밀어붙이려 한다는 비판이 제기되고 있으며, 돼지 독감 바이러스가 실험실 사고에 의해 누출되었다는 주장까지 나왔다.

캔버라에 있는 호주국립대학교에서 39년간 바이러스를 연구하다가 은퇴한 애드리언 깁스Adrian Gibbs(75세) 교수는 2009년 돼지 독감 바이러스의 유전자를 분석하여 추적해 본 결과, 유정란을 이용하여 백신을 만드는 제약회사의 실험실에서 바이러스 유출 사고가 발생했다는 결론에 도달했다고 주장했다.[45] 그는 로슈의 타미플루를 개발하는 데 공동연구자로 일했으며, 250편이 넘는 바이러스 연구 논문을 발표한 원로 과학자로 유명하다. 따라서 그의 이러한 주장은 아마추어의 단순한 음모론으로 무시할 수 없었다. 급기야 후쿠다 게이지 세계보건기구 사무차장이 직접 나서서 "돼지 독감 바이러스는 실험실 사고와 무관하다."라는 해명 기자회견까지 하도록 만들었다.[46] 이러한 해명에도 불구하고 깁스 교수가 세계보건기구에 제출한 문서와 그에 대한 반론이 공개되지 않았기 때문에 인터넷 공간을 통하여 다양한 내용의 음모론이 계속 제기되고 있다.

사실 음모론은 돼지 독감 대유행 전부터 벌써 유행하기 시작했다. 4월 28일, 시티 파딜라 수파리Siti Fadilah Supari 인도네시아 보건부 장관은 기자회견을 통해 "100퍼센트 확신할 순 없지만 돼지 인플루엔자 바이러스가 (선진국 제약회사들의 이익을 위해) 인위적으로 만들어졌을 수도 있다."라는 주장을 공개적으로 제기하였다.[47] 그는 올해 봄 《세계가 바뀌어야 할 때: 조류 독감 뒤의 신의 손》라는 제목의 책을 출간하여 조류 독감 바이러스 샘플을 공유하지 않는 미국 등을 비판하며, 백신 개발 배후에 숨겨져 있는 세계보건기구와 미국 등 강대국의 음모론을 지속적으로 제기해왔다. 물론 음모론은 사실 여부를 확인하기 곤란하며, 구체적 근거를 통해 그러한 주장이 사실로 입증된 적도 거의 없다.

이러한 음모론이 돼지 독감 바이러스보다 더 빨리 퍼져 나가는 동안 국내의 백신 시장은 더욱 급성장할 것으로 예상된다. 증권가에서는 돼지 독감(신종 플루) 백신 단가를 현재 독감 백신 단가 대비 약 1.5~2.5배의 가격으로 가정할 경우, 창출될 수 있는 시장 규모는 약 750억~1,260억 원에 이를 것으로 예상했다.[48]

그리스, 네덜란드, 캐나다, 이스라엘 등은 전 국민이 2회 접종할 수 있는 분량의 백신을 확보했다. 독일, 미국, 영국, 프랑스 등은 전체 인구의 30~78퍼센트에 접종할 수 있는 분량의 백신을 주문했다. 반면, 한국의 백신 비축량은 현재 전 국민 대비 약 0.08퍼센트 수준에 불과한 상황이다.

이명박 정부는 올 11~12월에 GSK 캐나다 제조 시설로부터 300만 도즈의 돼지 독감 백신을 수입하기로 했으며, 녹십자 전남 화순 공장에서 700만 도즈를 연내에 생산할 계획이다. 그런데 보건 당국이 발표한 우선 접종 대상자만 1,336만 명(인구의 27퍼센트)에 이르기 때문에 우선 접종 대상자에게 기본 2회 투여할 백신은 2,672만 도즈에 달한다. 이러한 문제를 해결하기 위해 보건 당국은 녹십자가 내년 2월까지 추가 생산 가능한 백신 500만 도즈에 항원 보강제를 사용하여 백신 항원의 양과 접종 횟수를 2회에서 1회로 줄이는 방안을 제시하고 있다. 항원 보강제 사용은 백신 부작용 등의 안전성 문제와 백신의 효과가 떨어질 우려가 있다는 점 때문에 현재 논란이 일고 있다.

한편, 전 세계적으로 안전성 검사를 대폭 생략하고 직접 사람을 대상으로 임상 실험을 하듯이 긴급하게 돼지 독감 백신을 주사할 경우 1970년대 말 미국에서처럼 임신한 여성이나 어린이에게서 길렝-바레 증후군Guillain-Barré Syndrome 같은 부작용이 발생하여 많은 사람이 목숨을 잃는 불행한 사태가 일어날 위험도 있다.[49] 1976년 미국 정부는 4,500만 명의 국민에게 돼지 독감 예방 주사를 접종했다. 그런데 그중 500명에게서 말초신경 장애를 초래하는 드문 질환인 길렝-바레 증후군이 나타났다. 결국 25명이 호흡과 관련된 흉부 근육이 마비되어 산소 부족으로 사망하고 말았다. 당시 미국에서 돼지 독감으로 사망한 사람은 1명에 불과했지만, 돼지 독감 예방 주사 부작용으로 사망한 사람은 25명이나 되었다.

21세기 전염병 대재앙을 막기 위한 대응 : 전 지구적 협력과 노력 필요

2008년 기준으로 68억에 이르는 세계 인구의 약 50퍼센트가량이 도시에 거주하고 있다. 현재의 도시화 추세가 지속된다면 중국의 경우 향후 10년 내에 인구의 절반 이상인 8억 5,000만 명이 도시에서 살게 될 것이다. 도시로 인구가 집중하게 되면 슬럼 지역이 형성되며 심각한 건강 문제가 발생한다.[50]

전 세계 68억 인구의 80퍼센트는 제3세계 122개국에게 거주하고 있다. 유엔 식량농업기구에 따르면, 2009년 전 세계 기아 인구는 10억 2,000만 명으로 추정된다.[51] 2003~2005년 8억 4,800만 명 수준이던 기아 인구가 2008년에 9억 2,300만 명으로 늘어났으며, 2009년에는 처음으로 10억 명을 넘어섰다. 최근 기아 인구가 급격하게 증가한 이유는 식량 생산량이 감소했기 때문이 아니며, 세계 경제 위기로 인해 수입이 줄어들고 실업률이 증가했기 때문이다. 이러한 인위적인 재앙에 의해 식량 가격은 폭등했으며, 빈부 격차는 더욱 벌어졌다. 그 결과 2008년만 하더라도 식량 폭동이 발생한 나라가 30개국이 넘었다.

기아 인구 10억 명 중 무려 9억 1,500만 명이 개발도상국에 살고 있다. 그 내용을 좀 더 구체적으로 살펴보면, 6억 4,200만 명은 아시아-태평양 지역에 거주하며, 2억 6,500만 명은 사하라 사막 이남의 아프리카 지역에 살고 있으며, 5,300만 명은 라틴 아메리카와 카리브 해 연안 지역에 삶의 터전이 있으며, 4,200만 명은 중동과 북아프리카 지역의 주민이다.[52]

2003~2005년 기아 인구의 65퍼센트가 인도, 중국, 콩고, 방글라데시, 인도네시아, 파키스탄, 에티오피아 등 단 7개국에 살고 있다. 뿐만 아니라, 매일 2만 5,000명이 굶거나 기아와 관련된 원인 때문에 죽는다.[53] 특히 어린이들의 경우는 굶주림이나 그와 관련된 원인 때문에 6초마다 1명씩 죽어 가고 있다.[54]

기아 문제뿐만 아니라 흡연에 의한 사망도 심각하다. 세계폐재단WLF과 미국암학회ACS는 최근 《담배 지표도The Tobacco Atlas》 3판

에서 "2009년 550만 명이 흡연에 따른 질환으로 사망할 것으로 예상한다."라고 밝혔다.[55]

2008년 에이즈HIV/AIDS 감염 환자 중에서 180만~230만 명(평균 200만 명)이 사망한 것으로 추정된다. 특히 전체 사망자의 75퍼센트에 해당하는 150만 명이 사하라 이남의 아프리카 지역에서 사망했으며, 약 27만 명의 어린이들이 에이즈로 목숨을 잃었다.[56]

세계보건기구의 통계에 따르면, 2006년 말라리아로 사망한 사람이 61만~121만 2,000명(평균 88만 1,000명)으로 추정된다. 전체 사망자의 91퍼센트에 해당하는 80만 1,000명이 아프리카 지역 주민이며, 사망자의 85퍼센트는 5세 이하의 어린이로 밝혀졌다.[57]

뿐만 아니라, 결핵도 많은 사람의 생명을 앗아 가고 있다. 2007년 에이즈에 감염되지 않은 132만 명의 사람들이 결핵으로 사망하였으며, 에이즈 감염자 중에서 45만 6,000명이 추가로 결핵에 걸려 사망했다[58](한국의 경우도 결핵으로 인한 사망자가 2004년 2,948명, 2005년 2,893명, 2006년 2,733명 등 OECD 국가 중 결핵 발병률과 사망률이 가장 높은 편에 속한다).

이러한 상황 속에서 동남아시아, 사하라 이남의 아프리카, 북한, 남미 등 제3세계 가난한 국가들은 대규모의 재정을 투입해 초국적 거대 제약회사들로부터 항바이러스제 및 돼지 독감 백신을 구입하여 비축할 여력이 거의 없는 실정이다.

그런데도 2009년 돼지 독감 대유행으로 막대한 이윤을 누리고 있는 노바티스 같은 제약회사는 제3세계 개발도상국의 가난한 사람들을 위해 독감 백신을 기부해 달라는 세계보건기구의 요구를 거부했다.[59] 생명보다 이윤을 앞세우는 노바티스의 이러한 태도를 통해 의료가 상업화될 경우 어떠한 폐해가 나타나는지 알 수 있다. 노바티스는 한국 정부와 희귀 의약품 글리벡의 약값을 협상하면서 자신들이 제시한 가격을 받아들이지 않을 경우 글리벡 판매를 중단하고 철수할 것이라고 압박함으로써 백혈병 환자들의 생명을 담보로 지나친 이윤을 추구한다는 비판을 받기도 했다.

2009년 돼지 독감 대유행을 이용하여 몇몇 초국적 거대 제약기업, 소수 강대국과 국제기구 등이 "황금 독감 시대"를 향유하는 불행한 사태가 발생하지 않기 위해서는 2009년 독감 대유행의 원인을 명확하게 규명해야 것이 최우선적으로 필요하다. 원인이 확실하게 밝혀져야 과학적 위험 평가에 기초하여 적절한 대비책을 세울 수 있다. 대중에게 위험 정보를 투명하게 공개해야 불확실성에 기인한 대중의 공포를 완화시킬 수 있으며, 우선순위에 따라 한정된 자원을 적재적소에 배분할 수 있다.

만일 세계보건기구나 각국 정부의 인플루엔자 대유행 위험 예측이 현실화될 가능성이 높다고 한다면 '강제 실시'를 통한 치료제와 백신 확보를 세계보건기구 차원에서 고민해야 할 것이다. 반면, 위험 예측이 과장되었다면 기아, 에이즈, 말라리아, 결핵, 흡연 등의 더 긴급한 사안에 재정을 투입하는 것이 바람직할 것이다.

국내에서도 공공의 이익을 위해 특히 필요한 경우 특허청에 강제 실시 청구를 할 수 있도록 규정한 〈특허법〉 제107조 제1항 제

3호*, 공중보건, 특히 의약품의 접근성 증진을 위해 개별 국가들이 강제 실시 여부를 결정할 수 있음을 인정하고 있는 세계무역기구 무역관련지적재산권Agreement on Trade-Related Aspects of Intellectual Property Rights, TRIPs협정 제31조, 회원국은 강제 실시권을 부여할 권리를 가지며 강제 실시권을 부여할 사유를 결정할 자유가 있음을 인정한 'TRIPs 협정과 공중보건에 관한 선언문Declaring on the TRIPS Agreement and Public Health(WTO 각료회의 특별선언문)' 및 사회권 규약 제12조와 사회권위원회 일반논평 14와 〈헌법〉 제36조 제3항에 근거하여 항바이러스제와 백신의 강제 실시 여부를 신중하게 결정해야 할 것이다. 최근 국가인권위원회는 이러한 국내법 및 국제법 조항에 근거하여 에이즈 치료약 푸제온Fuzeon의 강제 실시에 관한 의견 표명을 하기도 했다.[60]

전염병의 원인체인 세균이나 바이러스 같은 미생물들은 인류보다도 더 오랜 진화의 역사를 가지고 있으며, 인간과 미생물은 오랜 기간 동안 상호적응을 하면서 환경 속에서 공존해 왔다.

그런데 산업혁명 이후 급격한 도시화와 기술 발달에 의해 인구가 도시에 집중되고, 비행기와 고속열차 등을 통한 인적·물적 교류가 활발해짐에 따라 전염병의 세계화가 급속도로 진행되었다.

* 정부의 강제 실시 요건을 전쟁이나 이에 준하는 비상 상황으로 매우 좁게 규정하고 있는 한국의 현행 특허법을 개정할 필요성도 있다. 특허의 정부 사용의 경우에는 비상업적 공익적 목적일 경우 일단 특허를 사용한 후 특허권자에게 그 사용료를 지불하면 된다. 따라서 특허의 일시 정지가 아니기 때문에 특허권자의 특허를 침해할 우려도 없으며, 미국 정부도 이러한 특허의 정부 사용을 전 세계에서 가장 빈번하게 채택하고 있다.

현재 우리가 살고 있는 세상은 생태계 파괴로 인한 기후 변화, 가뭄·폭염·홍수·지진 등의 자연재해, 초국적 거대 기업 중심의 공장식 축산업, 전쟁과 내란 등 사회적 혼란, 지나친 신자유주의적 이윤 추구로 인한 경제 위기, 이러한 모든 문제가 결합되어 발생한 가난과 기아 등으로 인해 전염병 방어 체계가 붕괴되어 새로운 전염병들이 계속 창궐하고 있는 상황이다.

식량 생산량의 부족 때문에 기아 문제가 발생하는 것이 아니듯이, 2009년 돼지 독감 대재앙도 과학기술의 미발달이나 치료약 및 예방약의 부족 때문에 발생하는 것이 아닐 것이다. 21세기 전염병 대재앙은 인간의 손에 의해 만들어진 재앙일 가능성이 높으며, 이러한 대재앙을 막기 위해서는 인류 전체가 현재와 같은 삶의 방식에 대한 근본적 성찰과 전 지구적 협력과 노력이 필요하다고 생각한다.

— 〈건강과대안 이슈 페이퍼〉, 2009년 9월 8일

정부의 소·돼지 살처분, 과연 잘못된 선택이었나

구제역 방역에서 1차적으로 고려되는 살처분 및 예방적 살처분 조치는 전 세계적으로 과학·윤리·종교 등의 분야에서 많은 논란이 제기되고 있다. 이번 연재에서는 살처분의 정의, 역사, 우리나라와 외국의 방역 정책, 여러 가지 논란 등에 대해서 살펴보기로 한다.

살처분과
예방적 살처분

'살처분殺處分'이라는 끔찍한 용어는 영어의 'stamping out'을 일본어로 번역한 것이다. 한국에서도 일본의 번역어를 그대로 사용하고 있다. 그 의미는 "감염 동물 및 동일군 내 감염 의심 동물과, 필요시 직접 접촉이나 병원체를 전파시킬 수 있는 정도의 간접 접촉으로 감염이 의심되는 다른 동물군의 동물을 죽이는 것"[61]이다. 영미권에서는 'culling'이나 'slaughter'라는 용어도 같은 의미로 사용하고 있는데, 일반적으로 'slaughter'는 식용을 목적으로 한 '도축'을 의미한다.

예방적 살처분pre-emptive slaughter은 잠복기 상태로 있을지도 모르는 감염 동물을 미리 걸러내서 전염병이 널리 확산되지 않도록 '방화벽fire break'을 칠 목적으로 감염이 확인되지 않은 동물을 미리 죽이는 것을 말한다. 보통 질병 발생 농장을 중심으로 동심원을 그려서 죽이기 때문에 'circle culling' 또는 'ring culling'이라고도 한다.[62]

구제역 전염을 억제하기 위한 목적의 링ring 백신도 예방적 살처분과 다를 바 없다. 링 백신은 구제역 발생 농장을 중심으로 동심원을 그려서 예방 접종을 실시하는 것을 말한다. 억제적 목적의 백신을 실시한 가축은 구제역이 종식되면 모두 살처분한다.[63]

살처분 정책 도입의 역사

역사적으로 살펴보면, 구제역은 19세기 중반까지만 하더라도 경제적으로 심각한 문제로 인식되지 못했다. 구제역은 1869년 영국에서 제정된 가축전염병법Contagious Diseases of Animals Act에 포함되면서 처음으로 법적인 규제를 받기 시작했다. 이 법에 따라 런던의 시장에 가축을 팔러 나올 때 구제역에 걸린 경우 즉시 도축장으로 보내야 한다는 인식이 생겼다.[64]

1878년에 가축전염병법을 개정하여 감염된 가축을 살처분하고, 그 소유주에게 보상금을 지급하도록 규정을 바꿨다. 1884년에는 감염된 동물뿐만 아니라 이들과 접촉한 동물까지 살처분하도록 규정을 더욱 확대했다. 1892년에는 살처분 대상 동물을 모든 반추동물뿐만 아니라 돼지까지 대폭 확대했다.[65] 영국에서 시작된 살처분 조치는 덴마크에도 전해져서 1893년부터 살처분 대상 동물이 지닌 경제적 가치의 80퍼센트를 보상해 주었다.[66] 그 후 20세기 들어서 유럽을 비롯한 모든 국가가 구제역 방역의 기본 정책으로 살처분을 도입하였다.

살처분 정책이 성공한 대표적인 나라로 미국과 캐나다를 꼽을 수 있다. 미국은 1929년 이후 구제역이 발생하지 않고 있으며, 캐나다도 서스캐처원 주에서 1951~52년에 마지막 발생한 이후 구제역 청정 국가를 유지하고 있다.

그러나 멕시코에서는 이와 정반대의 결과가 나타났다. 1946년 브라질로부터 가축을 수입하면서 A형 구제역 바이러스가 멕시코로 유입되었다. 멕시코 정부는 구제역 종식을 위해 미국 정부가 파견한 전문가들로부터 감시 체계, 검역, 대규모 살처분 정책을 시행하는 방법을 전수받았다. 미국의 전문가들은 구제역 방역을 위해 8,500명에 이르는 준군사 조직을 이끌었는데, 그 과정에서 16명의 미국인이 사망하였다. 그러나 엄청난 예산을 투입하여 50만 마리의 소, 38만 마리의 양, 염소, 돼지를 살처분했음에도 불구하고 구제역 사태는 진정되지 않았다. 이에 격분한 축산농민들은 공무원과 수의사를 살해하기도 했다. 급기야 멕시코 정부는 살처분 정책을 포기하고, 유럽에서 60만 마리 분의 백신을 수입하기에 이르렀다. 백신 접종은 1950년까지 이루어졌는데, 그 사이에도 1만 마리의 가축이 구제역에 감염되어 살처분되었다. 또한, 1953년에는 구제역이 재발하여 2만 3,000마리를 살처분하였다.[67]

정부의 방역 정책,
국제적 흐름과 차이 없어

전 세계적으로 구제역 방역은 천편일률적으로 1) 발생 국가로부터 동물 및 육류 수입 금지 2) 가축, 사람, 차량의 이동 통제 3) 살처분 4) 격리 및 백신의 네 가지 방법을 사용하고 있다.[68] 미국, 캐나다, 유럽연합, 호주, 한국, 일본 등 구제역 청정 국가들은 살처분 정책을 가장 우선적으로 실시하고 있다. 구제역이 전국적으로 확산되어 토착화endemic될 우려가 있는 비상시에 긴급 백신 정책을 도입하여 살처분을 병행적으로 실시한다.

지난 2009년 영국 환경식품농촌부Defra에서 마련한 외래성 가축 질병 긴급 대응 계획을 보면 구제역 발생 시 "살처분만을 실시하여 구제역을 종식시킬 수 있는가?"를 가장 우선적으로 검토한다. 살처분으로 불가능하다고 판단될 경우, "예방 접종이 가능한가?"를 두 번째로 고려한다. 이후 "살처분+예방 접종을 받은 가축을 살리는 보호적 백신 정책"과 "살처분+예방 접종을 받은 가축을 죽이는 억제적 백신 정책" 중 어느 방법을 통해 구제역 청정국 지위를 회복할 수 있는지 판단한다. 살처분과 긴급 백신 정책이 실패한 경우 세 번째로 추가적인 도살 정책을 실시할지를 따져 본다. 추가적인 도살 정책의 실시 여부는 예산과 인력 등의 자원을 동원할 수 있는 여력과 사체를 처리할 능력에 따라 결정된다. 이 정책이 실패하면 구제역이 토착화되어 상재국으로 전락하게 된다.[69]

한국 정부도 2010년 10월 구제역이 전국적 규모로 발생하여 심각 단계 발령 시 예방 접종 실시 여부를 결정하는 것으로 구제역 긴급행동지침SOP을 개정했다. 2000년 지침에도 예방 접종에 관한 내용이 있었지만 구체적으로 어느 단계에서 접종을 실시할 것인가에 대한 내용이 부족했다. 2010년 개정판에서는 바로 이 부분을 국제적 흐름에 맞게 개정하여 긴급 예방 접종 정책을 명문화한

것이다.[70]

이러한 사실을 제대로 파악하지 못한 일각에서는 최근 "정부의 구제역 방역 정책이 국제적 흐름은 무시된 채 살처분에만 집착했다."라는 비난을 하기도 했다. 그러나 이러한 비난은 사실과 거리가 멀다는 점을 분명히 해 둔다.

2010년 일본의 특별조치법, 한국의 예방적 살처분 도입

한국 정부의 구제역 방역 정책은 미국, 캐나다, 유럽연합, 호주, 일본 등과 큰 차이가 없다. 오히려 지난 해 일본의 미야자키宮崎 현에서 구제역 사태가 발생했을 때 이에 대한 대응책으로 일본 국회에서 여야 합의로 한국의 구제역 정책을 벤치마킹하기도 했다. 당시 일본 언론과 일본 여야 의원들은 한국의 예방적 살처분 정책이 2010년 1월 및 4월의 구제역 조기 종식에 큰 기여를 했다고 평가했다. 일본은 예방적 살처분의 법적 근거가 없었기 때문에 여야 합의로 통과시킨 특별조치법에 그 내용을 담았다.[71]

또한, 일각에서 예방적 살처분 정책을 비판하는 근거로 작년 일본의 백신 정책을 예로 들고 있지만, 이것도 사실을 제대로 파악하기 못한 엉터리 주장이라는 점을 지적해 둔다. 일본 정부는 작년 미야자키 현의 구제역 발생 지역을 중심으로 링 백신을 실시했지만, 구제역이 종식된 후 예방 접종한 가축들을 모두 살처분했다. 일본 정부가 밝힌 살처분 이유는 첫째, 백신을 접종한 가축이 감염됐을 경우 바이러스를 계속 보유해 새로운 발생 원인이 될 가능성이 있다는 것이다. 둘째, 체내에 형성된 항체가 백신 접종에 의한 것인지 감염에 의한 것인지 구별이 어렵기 때문에 이를 방치했을 경우 구제역이 적발되지 않고 급속하고 광범위하게 퍼질 우려가 있었기 때문이라는 것이다.[72] 다시 한 번 강조하지만 한국의 예방적 살처분 정책과 일본의 링 백신 정책은 본질적인 차이가 거의 없다. 다만 가축을 죽이는 시기만 달랐을 뿐이다.

예방적 살처분은
발생 초기 가장 효과적 방역 대책

윤리적 논란을 배제한다면, 예방적 살처분 정책은 구제역 발생 초기 가장 효과적인 방역 대책이라는 사실을 부인하기 어렵다. 지난 해 11월 29일부터 3일간 경북 안동의 서현 양돈 단지로부터 반경 3킬로미터 이내의 66농가에서 사육하고 있던 모든 우제류를 예방적으로 살처분했다. 그중 17농가에서 항원 양성 [반응]이 나왔으며, 그 농가 중 4농가에서 항체 양성 [반응]이 나왔다. 또한, 12월 지난 7일부터 12일까지 안동을 제외한 경북 지역에서 11건의 예방적 살처분을 실시했는데, 그중 6건에서 구제역 양성 [반응]

이 확인되었다.[73] 안동에서는 예방적 살처분 농가의 26퍼센트가 이미 구제역에 감염된 상태였고, 나머지 지역에서는 예방적 살처분 농가의 55퍼센트가 구제역이 퍼진 상태였다.

농가에서 구제역 의심 증상을 발견하고 방역 당국에 신고한 시점보다 적어도 1~4일 전에 가축들은 구제역 바이러스를 내뿜기 시작한다. 따라서 구제역 발생 초기에는 예방적 살처분으로 바이러스가 숙주를 통해 전파될 수 있는 상황을 사전에 강력하게 차단하는 것이 무엇보다도 중요하다. 만일 구제역 확진 후 24시간 내에 해당 농장의 매몰 처분을 완료하고, 48시간 내에 주변 농장의 예방적 살처분을 마무리한다면 구제역을 조기에 종식시킬 수도 있다. 실제로 이 방법을 사용하여 국내에서 2002년, 2010년 1월, 2010년 4월에 발생한 구제역을 성공적으로 막아 낸 바 있다.

그러나 초기 방역에 실패하여 구제역이 상당히 많은 지역으로 확산된 상황이라면 예방적 살처분 정책은 효과가 거의 없을 것이다. 따라서 예방적 살처분 정책은 긴급 백신을 실시하기 전인 발생 초기에만 한정적으로 사용하는 것이 바람직할 것 같다.

만일 사람이라면
치료도 하지 않고 죽일 수 있나?

살처분 논란에 관한 문제의 핵심은 다른 곳에 있다. 만일 가축이 아니라 사람이 구제역처럼 전염성이 강한 바이러스성 질병에 걸리면 어떻게 대처했을까? 지난 2009년 신종 플루 대유행 당시 정부의 대책을 보면, 1) 공항에서 신종 플루 의심 환자 검색 및 국외 여행 자제 권고, 2) 휴교 조치 및 이동 제한, 집회 제한 권고, 3) 중증 환자 격리 병실 입원 및 항바이러스제 투약, 4) 환자 및 접촉자 가택 격리 및 백신의 네 가지 방법을 사용했다.[74]

구제역이나 신종 플루는 국가 위기관리 대상 전염병 목록에 들어 있다. 국가 위기관리 대상 전염병이란 확산 시 국민의 건강·생명 및 국가 경제 등에 직·간접적으로 영향을 끼쳐 국가 기반 체계가 마비되는 상황을 초래할 가능성이 있어 이에 대한 대비가 필요한 전염병이다.[75]

구제역은 일반적으로 [병에 걸리는 비율인] 이환율은 높지만 치명률은 낮은 바이러스성 전염병이다. 건강한 성축이 사망하는 경우는 1~5퍼센트에 불과하다. 어린 동물의 경우 50퍼센트 이상 사망할 수 있지만, 그것도 병원성이 높아야 한다는 전제 조건이 따른다.[76] 인플루엔자 바이러스는 어떤가 보자. 계절성 독감으로 인해 매년 300만 명에서 500만 명이 고열, 인후통, 폐렴 등의 심한 임상 증상으로 진행되는 등 이환율이 아주 높고, 전 세계적으로 해마다 25만 명에서 50만 명이 사망하고 있다.[77] 심지어 1918~19년 스페인 독감 대유행으로 전 세계적으로 5000만 명에서 1억 명이 사망했다고 추정한다.[78] 그런데도 사람의 인플루엔자 대응책으로 살처분은 검토된 적도 없으며, 실행된 적도 전혀 없다.

히틀러 같은 괴물이 아닌 다음에야 사람을 대상으로 살처분을 운운하는 것 자체를 상상할 수도 없다. 당연히 사람은 치료약이나 치료 방법이 없다고 하더라도 입원 치료를 기본적으로 실시한다. 그런데 왜 가축은 살처분을 시키고 있을까?

그 이유는 간단하다. 소와 돼지는 인간의 식량을 생산할 목적으로 사육되는 산업 동물이기 때문이다. 만일 소와 돼지를 사람처럼 격리 병실에 입원시켜 항바이러스제, 항생제, 수액 등의 약물로 치료를 한다면, 엄청나게 많은 가축의 생명을 살릴 수 있을 것이다. 문제는 산업 동물을 한 마리씩 개체 치료를 할 경우 소요되는 막대한 경제적 비용을 어떻게 감당할 것인가라는 점이다. 이 부분에서 바로 윤리적·종교적 접근과 경제적·현실적 접근이 서로 부딪치고 있다.

— 《프레시안》, 2011년 4월 11일

돼지 독감보다 정리해고가 더 무서운 나라

올봄 미국과 멕시코에서 시작된 돼지 독감의 유행이 여태껏 꺾이지 않고 있다. 대유행 6단계를 선언한 세계보건기구는 지난 7월 초부터 공식 피해 집계마저 포기할 지경에 이르렀다. 8월 4일까지 돼지 독감으로 사망한 사람은 최소한 1,154명에 이르며, 감염자로 확인된 사람은 적게 잡아도 16만 2,380명을 넘어섰다. 한국의 감염자 수도 1,700명을 훌쩍 넘었다. 그럼에도 불구하고 국내 감염자 1,700여 명 중에서 사망자는 아직까지 단 1명도 없다.

반면, 쌍용자동차 정리해고와 총파업 과정에서 무려 4명이 가슴 아프게 희생됐다. 지난 5월 27일과 6월 11일에 각각 1명씩 조합원 두 명이 심근경색으로 목숨을 잃었다. 7월 2일에는 희망퇴직을 신청한 노동자가 자신의 승용차에서 연탄불을 피워 놓은 채 자살했다. 7월 20일에는 옥쇄 농성에 돌입한 노조 간부의 아내가 스스로 목숨을 끊었다. 이들을 죽음으로 몰고 간 원인은 무엇이었을까? 노동자들은 이미 그 답을 알고 있었다. 그들은 "정리해고는 더 많은 살인을 예고하고 있다."라며 절규했다.

그렇다. 한국은 돼지 독감보다 정리해고가 더 무서운 나라다. 현실적으로 돼지 독감으로 죽을 가능성보다 정리해고로 죽을 가능성이 훨씬 높은 야만의 땅이다. 정리해고의 배후에는 게걸스럽게 이윤을 추구하는 자본의 탐욕이 숨어 있다. 탐욕스러운 자본은 대테러진압용 전기충격총 '테이저건'과 발암 의심 물질을 가득 담은 최루액, 방어 무기가 아니라 공격 무기로 둔갑한 방패와 곤봉 등으로 무장한 경찰력이라는 든든한 스폰서를 두고 있다.

자본과 공권력 사이의 스폰서 관계는 최근 낙마한 천성관 검찰총장 후보 인사청문회나 삼성 X파일의 떡값 리스트 등을 통해 조금 알려지기도 했다. 하지만 이번 쌍용자동차 사태처럼 노골적으로 그들의 관계가 공개된 적은 별로 없었던 것 같다.

사측과 경찰이 합동 작전을 펼쳐 농성 노동자들의 인권을 침해한 사실이 적나라하게 드러났다. 사측은 단전, 단수, 의료진 차단 등의 반인권적인 조처를 취했으며, 경찰은 "물과 식량을 차단하라."라는 문건을 작성한 사실이 발각됐다. 쌍용자동차 사측이 7월 27일 의료진 출입을 전면 차단했음에도 이명박 정부는 모르쇠로 일관하다가 8월 6일에야 뒤늦게 한승수 총리가 지시해 의료진의 출입과 식수의 반입을 허용했다.

전문가들은 국내에서 돼지 독감 사망자가 발생하지 않은 것은 보건 당국의 예방 대책이 잘 작동했기 때문으로 판단하고 있다. 보건 당국의 조기 진단, 조기 격리, 조기 치료 정책이 적절했다고 볼 수 있다. 돼지 인플루엔자 바이러스에 감염된 환자들을 빨리 찾아내서 다른 사람들에게 전파되지 않도록 격리하고 감염 초기에 치료약을 투여한 것이다.

자본의 스폰서 그만두고 노동자 목숨 구해야

그런데 정부는 왜 쌍용자동차 사태에서는 노동자들의 희생을 최소한으로 줄이기 위한 적절한 대책을 세우지 못했는가? 국민의 인권과 생명을 지켜야 할 정부가 쌍용차 사태에 공권력을 투입한 것 외에 모든 대책에서 수수방관한 것은 과연 누구의 이익을 옹호하기 위함인가? 정부는 왜 노동자들의 농성을 폭력적으로 진압하듯이 이른바 '먹튀 자본'으로 악명이 높은 상하이차에 공권력을 투입하지 않았을까?

쌍용자동차 정리해고의 직접적인 원인은 헐값 매각과 부실 경영에 있었다. 헐값 매각은 노무현 정부가 주도했다. 당시 반기문 외교통상부 장관과 이희범 산업자원부 장관은 중국을 방문해 중국 정부 인사들과 쌍용차 투자 문제를 논의했다. 이들이 논의를 시작한 바로 다음 날 상하이차의 헐값 인수가 시작됐다. 이후 상하이차는 국책 은행인 기업은행 등으로부터 4,200억 원이 넘는 엄청난 금액을 지원받았으나 투자와 연구 개발은 등한시한 채 엔진 기술 등 핵심 기술 이전과 유출만을 일삼았다. 당연히 영업 이익은 줄어들고 경영은 부실해질 수밖에 없었다.

일반적으로 경제 위기가 닥치면 자살과 살인, 심장마비에 의한 사망 건수가 늘어난다. 따라서 정부는 공공 지출을 증가시킴으로써 실업과 관련된 자살을 미리 막을 책임과 의무가 있다.

최근 의학전문지 《랜싯》에는 영국 옥스퍼드대학교와 런던대학교 연구자들이 1970년부터 2007년까지 유럽연합 26개국의 자료를 분석한 '경제 위기 시 공중 보건의 영향'에 관한 연구 결과가 실렸다. 지난 27년 동안 유럽에서는 실업률이 1퍼센트 상승할 때마다 65세 이하의 자살자 수가 0.79퍼센트씩 늘어났으며, 살인도 증가했다. 만일 정부가 실업 보험을 비롯한 공공 지출을 증가시킬 경우, 실업과 관련된 자살을 0.038퍼센트 줄일 수 있다고 한다.

가까운 일본의 통계만 보더라도 경제 위기 시 정부가 어떤 구실을 해야 하는지 분명하게 알 수 있다. 2009년 상반기 동안 일본의 자살자가 1만 7,000명이 넘는 것으로 나타났다. 일본의 자살자 수가 역대 최고 속도로 증가한 것이다. 2009년 상반기에 일본 내 자살자는 2008년 상반기보다 768명(약 5퍼센트)이 증가했다. 일본의 전문가들은 이렇게 급증하고 있는 자살자는 경기 침체의 영향이며, 장기 침체에 특별한 대책이 필요하다고 분석했다.

경제 위기는 아직까지 그 끝이 보이지 않는다. 현재와 같은 경제 위기 상황에서는 앞으로도 기업의 파산과 정리해고가 언제 일어날지 모르고, 실업률이 줄어들 가능성은 희박하다. 정리해고가 살인이라는 반인권적인 비극이 더는 되풀이되지 않기 위해서는 정부의 공공 지출이 4대강 삽질 같은 엉뚱한 곳이 아니라 실업이나 고용 대책 등에 적절하게 사용돼야 할 것이다.

— 《레프트21》 12호, 2009년 8월 15일

달콤하다고 함부로 먹지 마라… 벌꿀 속의 독

《구약성서》의 〈출애굽기〉에서 모세는 동족을 이끌고 이집트를 탈출하면서 "젖과 꿀이 흐르는 아름답고 넓은 땅"으로 가자고 했다. 당시의 목축과 양봉 수준이 어느 정도였는지 확실히 알 수는 없지만 '젖 또는 우유'와 '꿀'이 당시 사람에게는 최고의 먹을거리로 여겨졌던 것 같다.

한국에서도 왕과 독재자가 세상의 주인 행세를 하던 오랜 세월 동안 "쌀밥에 고깃국을 실컷 먹어 보는 것"이 가난한 사람들의 소

원이었다. 흰쌀밥 같은 꽃이 핀다고 나무 이름조차 이팝나무로 정했을 정도다. 고깃국도 귀하긴 마찬가지여서 삼복더위 때 겨우 개장국 먹던 것을 '보신탕'이라는 거창한 이름으로 불렀는지도 모른다.

요즘에는 상황이 전혀 달라졌다. 더 이상 쌀밥과 고깃국도 안심하고 먹지 못하는 세상이 된 것이다. 세계화, 신자유주의, 세계무역기구, 한미 FTA라는 괴물이 나타나 "칼로스 쌀밥과 광우병 고깃국을 먹는 것"이 공포영화보다 더 끔찍하고 무서운 현실이 되고 말았다.

우유와 꿀도 마찬가지다. 농약, 유전자 조작 작물로 만든 사료와 항생제·호르몬제·살충제 등의 약품을 가축에 대량으로 투여한 뒤 기계로 물건을 찍어 내듯이 축산식품을 생산하는 탓에 우유의 위험성이 지적된 지는 이미 오래됐다. 지금부터 들려줄 이야기는 달콤한 벌꿀 속에 들어 있는 독毒이라고 할 수 있는 '클로람페니콜'이라는 항생제 성분에 관한 내용이다.

벌꿀도 항생제 범벅,
도대체 뭘 먹나

최근 국내에서 시판 중인 벌꿀의 절반 이상(56.5퍼센트)에서 항생제가 검출*되어 사회 문제가 되고 있다. 소비자시민모임은 지난

9월 28일 "올해 5월에서 9월 중순까지 홍콩소비자협회와 공동으로, 시판되는 23개 벌꿀 제품에 대해 항생제 잔류 검사를 실시한 결과 13개 제품에서 항생제가 검출됐다."라고 밝혔다.

소비자시민모임이 "현재 벌꿀의 항생제 잔류 기준이 마련되어 있지 않다."라며 정부 당국을 비판하자, 식품의약품안전청은 뒤늦게 "벌꿀 중 항생제 옥시테트라싸이클린의 잔류 기준을 0.3ppm(0.3mg/kg)으로 정했다."라고 10월 6일 발표했다. 벌꿀에서 유일하게 사용할 수 있는 항생제가 옥시테트라싸이클린이라서 다른 항생제의 잔류 기준은 발표하지 않은 것이다.

그러나 현실은 정부 당국의 대책과는 동떨어져 있다. 옥시테트라싸이클린과는 달리 사용해서는 안 될 항생제가 양봉에 쓰이고 있기 때문이다. 이런 현상 때문에 일본에서는 지난 2003년 식품위생법 등 일부 법률을 개정해 미승인 항생제의 잔류 기준을 0.01ppm으로 일률적으로 정했다. 0.01ppm이라는 강화된 기준을 정해 사실상 승인된 항생제 외에 다른 항생제를 아예 사용하지 못하도록 한 것이다. 한국에서는 이런 제도의 부재로 미승인 항생제

* 벌꿀에 항생제 성분이 들어가는 것은 꿀벌에 항생제를 먹이는 것이 양봉업계의 공공연한 관행이기 때문이다. 꿀벌은 세균성, 바이러스성 전염병에 취약하기 때문에 항생제를 먹이지 않으면 양봉업자 입장에서 막대한 손실을 입을 수밖에 없다. 벌꿀에 대한 항생제 잔류 기준이 없는 현실은 일부 양봉업자들로 하여금 클로람페니콜과 같은 사용이 금지된 항생제를 쓰도록 부추기고 있다. 충청남도 서천 지역의 양봉업자 황 모(65) 씨는 "사용이 금지된 항생제를 투여하는 일부 양봉업자들은 비판받아 마땅하지만, 손해를 감수하고 항생제 사용을 최대한 자제하는 양심적인 양봉업자들도 많다."라며 "이참에 당국이 확실한 규제를 통해 '옥석'이 가려지도록 해야 할 것"이라고 말했다.

에 대해서는 관리의 기준 자체가 없다.

벌꿀에서 치명적 항생제 클로람페니콜 검출

소비자시민모임의 발표에서 특히 눈길을 끈 것은 8개 벌꿀 제품(35퍼센트)에서 사용이 금지된 항생제 클로람페니콜이 검출됐다는 사실이다. 클로람페니콜은 재생불량성 빈혈, 골수 억제, 간 손상, 그레이 베이비 증후군Gray baby syndrome* 등 인체에 미치는 유해성이 심하기 때문에 아예 식용 동물에는 사용이 금지된 항생 물질이다.

클로람페니콜은 데이비드 고틀립이 1949년 베네수엘라의 흙 속에 있는 방선균streptomyces에서 처음 발견해 1960년대 파크 데이비스가 '클로로마이세틴'이라는 이름으로 판매를 시작한 항생제다. 클로로마이세틴은 회사 전체 이익의 3분의 1을 가져다줄 정도로 많이 팔렸다. 그러나 이 약을 먹은 사람들에게서 앞서 언급

* 클로람페니콜은 간에서 글루큐로나이드glucuronide로 포합되어 신세뇨관 분비에 의해 체외로 배설된다. 그러므로 간의 효소 기능이 충분히 발달하지 못한 미숙아,.신생아 또는 영아에게 과량을 투여할 경우 대사장애로 클로람페니콜이 체내에 축적되어 그레이 베이비 증후군gray baby syndrome 같은 치명적인 질병이 발생할 수 있다. 이 병에 감염된 신생아는 저혈압, 청색증(혈액 내 산소 부족으로 입술, 손톱, 피부의 색깔이 파랗게 변하는 증상), 그리고 사망에 이를 수 있다.

한 그레이 베이비 증후군 등 심각한 부작용이 나타났다.

이런 사정에도 파크 데이비스는 구매자를 증가시키기 위해 많은 돈을 투자했다. 그 결과 미국 의사들은 1년에 400만 명의 사람에게 클로람페니콜을 처방했다. 처방의 범위도 넓어서 여드름·후두염·일반 감기 환자까지 이 물질의 처방을 받았다. 이런 항생제 오남용으로 미국에서만 수백 명의 사람들이 진단도 받지 못하고 클로람페니콜 독성으로 사망하는 비극이 일어났다. 좀 심하게 말하면 "과학과 의학이라는 전문성으로 포장된 의원성醫原性, iatrogenic 살인 행위"가 벌어진 것이다.

현재 클로람페니콜은 인간의 질병 중 장티푸스의 치료 등 극히 제한적인 목적으로만 사용할 수 있다. 인체 독성을 유발할 수 있기 때문에 인간이 음식으로 섭취하는 식용 동물에 사용하는 것은 전 세계적으로 금지되어 있다. 식용 동물에서 클로람페니콜은 상당히 오랫동안 잔류하며, 또 지나친 오남용으로 내성균 발생률도 높다.

클로람페니콜 사용 금지에도 곳곳에 구멍 숭숭

한국도 1990년대 초반부터 소, 돼지, 닭, 양식 어류 등 식육 동물에 클로람페니콜의 사용을 금지하고 있다. 2006년부터는 동물약품 제조업체의 자발적 승인 반납 조치에 의해서 약품의 제조가 중단돼 반려동물(애완동물)에도 실질적으로 사용이 금지되었다. 그러나 현실 속에서 이런 사용 금지 조치는 철저히 지켜지지 않고 있다.

국립수의과학검역원의 자료에 의하면, 2003년까지 클로람페니콜이 검출된 축산물이 잔류 검사에서 적발되었다. 상대적으로 축산물보다 잔류 검사가 제대로 실시되지 않는 수산물이나 벌꿀의 상황은 더욱 심각할 것이다. 동물용 항생제의 수의사 처방제가 실시되지 않아 누구나 마음대로 항생제를 쉽게 구입할 수 있는 국내 현실은 이런 상황을 더욱더 악화시키고 있다.

수입 식품의 상황은 국내에서 생산된 식품과 비교할 수 없을 정도로 심각하다. 국립수산물품질검사원의 자료에 의하면, 2005년 1~12월에 대만산 냉동 필라리아, 인도네시아산 냉장 흰다리새우, 일본산 활참돔, 베트남산 냉동 홍다리새우얼룩살, 태국산 냉장·냉동 새우, 필리핀산 냉동 뱀장어, 방글라데시산 냉동 홍다리새우얼룩살 등에서 클로람페니콜이 검출되었다.

모세가 21세기에 태어난다면

경제적 효율성을 중요시하는 인간의 탐욕은 과밀 사육과 항생제 과다 투여라는 공장식 축산업과 공장식 수산업을 낳았다. 그

탓에 우리는 소비자의 안전과 환경·생태 보전을 위해 고가의 장비와 고급 인력을 동원하여 불법으로 투여된 클로람페니콜을 검출하기 위해 값비싼 비용을 치르고 있다.

부유한 국가의 음식물 쓰레기를 줄이면 가난한 국가 빈곤층의 굶주림 문제를 해결할 수 있듯이, 항생제 오남용과 내성균을 막기 위한 잔류 물질 검사 비용도 인간의 지나친 탐욕에 의해 발생하는 불필요한 낭비의 측면이 강하다. 이렇게 낭비되는 돈이 사회복지와 환경·생태 보전을 위해 쓰인다면 얼마나 좋을까?

모세가 21세기에 다시 태어난다면, 과연 "젖과 꿀이 흐르는 아름답고 넓은 땅"을 찾을 수 있을까? 지금부터라도 지구의 미래와 환경을 지킬 수 있는 '21세기 탈애굽'을 시민의 손으로 차근차근 준비해야 하지 않을까? 달콤한 벌꿀 속에 들어 있는 치명적인 독 클로람페니콜이 우리에게 주는 교훈이다.

— 《프레시안》, 2006년 10월 16일

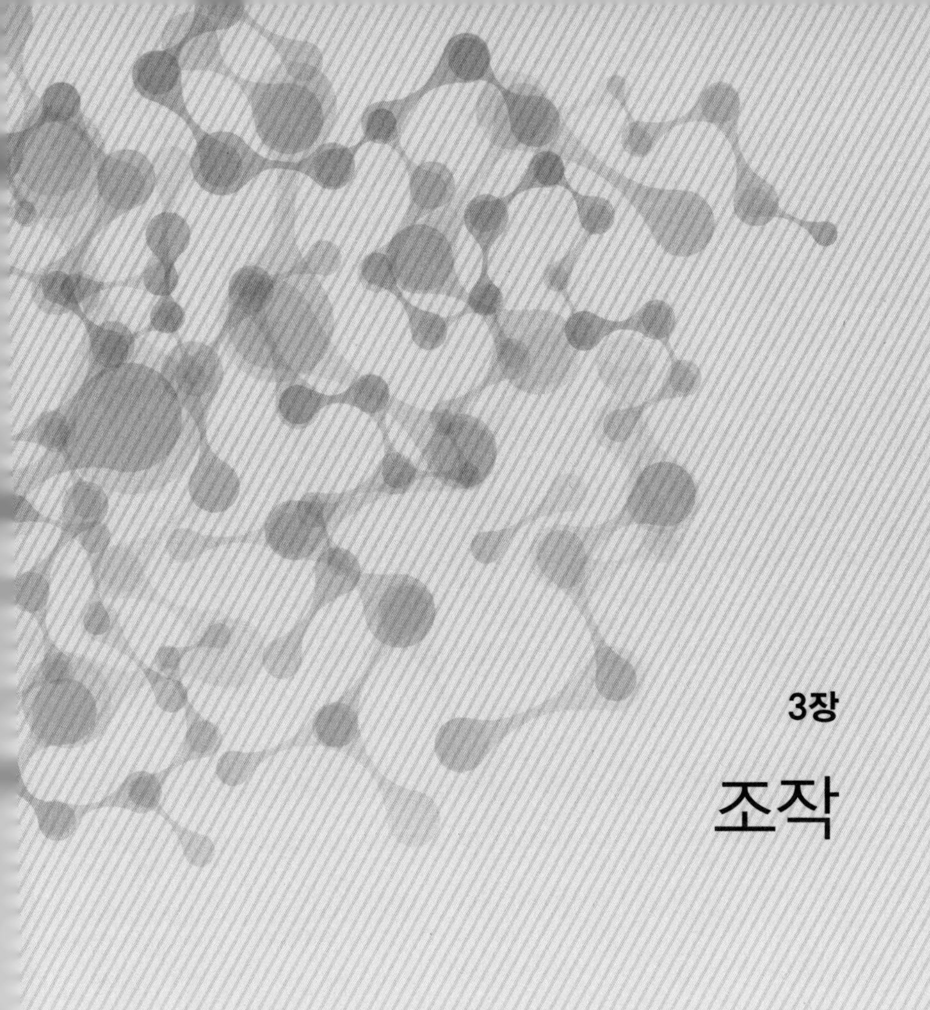

3장

조작

동물용 성장 호르몬의 문제점과 건강 영향

Freedom for the wolves has often meant death to the sheep(늑대의 자유는 양들에게는 죽음을 뜻한다).[1]

Fetuses, infants, and children are thought to be more vulnerable to the hormone-disrupting effects of exogenous hormones and hormone-like chemicals(태아, 갓난아기, 어린이들은 신체의 외부에서 유입되는 호르몬과 유사 호르몬 물질의 호르몬 교란 영향에 더욱 취약하다고 여겨진다).[2]

우리나라 사람들은 지난 2010년 한 해 동안 1인당 41.1킬로그램(쇠고기 8.8킬로그램, 돼지고기 19.1킬로그램, 닭고기 10.7킬로그램, 오리 2.5킬로그램)의 고기와 62.8킬로그램의 우유를 소비하였다.[3](우유의 밀도가 1.03kg/m³이므로 62.8kg는 60.97리터로 환산할 수 있다. 참고로, 2004년 미국인 1인당 연간 우유 소비량은 평균 89.1리터였다. 여기에 요구르트, 아이스크림, 생크림, 치즈 등과 같은 유제품을 더한다면 미국의 1인당 연간 우유 소비량은 270리터에 달한다.) 우리나라의 1인당 육류 소비량은 지난 1970년만 하더라도 5.2킬로그램에 불과했으나, 지난 40년 동안 1인당 고기 소비량이 무려 8배나 늘어났다. 이에 따라 농림수산업 분야에서 축산이 차지하는 비중은 2010년 말 40.2퍼센트(17조 4,700억 원)에 이르렀다. (2010년 농림업 분야 품목별 생산액은 1위 쌀(미곡), 2위 돼지, 3위 한우, 4위 닭, 5위 우유, 6위 달걀, 7위 오리, 8위 딸기, 9위 인삼, 10위 감귤 순이다. 상위 10개 품목이 농림업 생산액의 60퍼센트를 차지하고 있다(e-나라지표 www.index.go.kr 통계).

1980년에는 99만 8,000농가에서 138만 마리의 한우와 육우를 사육했으며, 22만 농가에서 19만 4,000마리의 젖소를 길렀다. 또한, 50만 3,000가구에서 176만 1,000마리의 돼지를 사육했으며, 69만 2,000농가에서 3,923만 마리의 닭을 길렀다. 그런데 2010년 말 17만 2,000여 농가에서 295만 마리의 한우와 육우를 사육하고 있으며, 6,300여 농가에서 42만 9,000마리의 젖소를 기르고 있다. 돼지와 닭은 농장의 규모가 더욱 커져서 7,300여 농가에서 988만 마리의 돼지를 사육하고 있으며, 3,200여 농가에서 1억 3,900만 마리의 닭을 기르고 있다. 지난 30년 사이에 축산 농가의 규모는 12배가량 줄어든 반면, 가축 사육 규모는 4배가량 늘어났다.

2010년 기준으로 축산 육류의 77.6퍼센트, 우유의 65.4퍼센트를 국내에서 생산하고 있다. 축산 육류의 자급률을 구체적으로 살펴보면, 쇠고기 43.2퍼센트, 돼지고기 80.9퍼센트, 닭고기 79.7퍼센트에 이른다.[4] 그러나 고기 소비량이 늘어난 것과 정반대로 축산 농가의 숫자는 점점 줄어들고 있다(1990년 말 한·육우 62만 266호, 젖소 3만 3,277호, 돼지 1만 3,348호, 닭 16만 1,357호).

소규모 농가에서 많은 수의 가축을 산업적으로 사육하고 있는 이러한 현대의 축산업 시스템에서는 생산량을 최대화하고 비용을 최소화는 방법 중 하나로 동물용 성장 호르몬을 사용해 왔다.

동물용
성장 호르몬

1) 유전자 조작 소 성장 호르몬*의 상업화 역사

소의 뇌하수체에서 분비되는 천연적인 성장 호르몬은 단백질

* rBGH. 젖소의 뇌하수체에서 분비되는 일종의 단백질로 소의 성장과 산유를 촉진하는 호르몬이다.

합성을 촉진하고 에너지를 생산해 지방을 분해하며 뼈를 포함한 체내의 거의 모든 조직의 성장을 자극한다. 또한, 간을 자극하여 인슐린과 비슷한 작용을 하는 2차 호르몬을 생성하도록 만든다.[5] 천연적인 소 성장 호르몬은 소의 뇌하수체에서 생성되는 아미노산 사슬 구조를 가지고 있다. 단백질 합성을 촉진하고 에너지를 생산해 지방을 분해하며 뼈를 포함한 체내의 거의 모든 조직의 성장을 자극한다. 또한, 간을 자극하여 인슐린과 비슷한 작용을 하는 2차 호르몬, 즉 소마토메딘somatomedin을 생성시킨다.

1936년 러시아(당시 소련)의 아시모프 박사와 크루제 박사는 도축장에서 암소의 뇌하수체를 떼어 내 소 성장 호르몬을 추출하여 젖소에게 주사하면 우유 생산량이 늘어난다는 사실을《낙농과학지》에 보고했다.[6] 러시아 과학자들의 실험은 1928년 뇌하수체 전엽과 우유 생산과의 관계를 예측한 그뤼터Grüter와 스트리커Stricker의 연구 결과[7]와 1932년 뇌하수체 전엽에서 프로락틴prolactin이라는 새로운 호르몬을 발견한 리들Riddle, 베이츠Bates, 사이먼Simon, 딕숀Dykshorn의 보고[8]에 기초한 것이다.

이러한 연구 결과에 축산업계는 환호하였다. 소의 성장 호르몬을 인공적으로 생산하는 길이 열린다면 우유의 생산량은 획기적으로 늘어날 것이기 때문이다. 하지만 그러한 기대는 곧바로 실현되지 않았다. 1960년대 말까지 이렇다 할 과학적 성과가 나타나지 않았다.

1970년 몬산토Monsanto의 연구 기금을 받은 과학자들은 성장

미국의 우유 공급, 사용, 비축 (1985년)

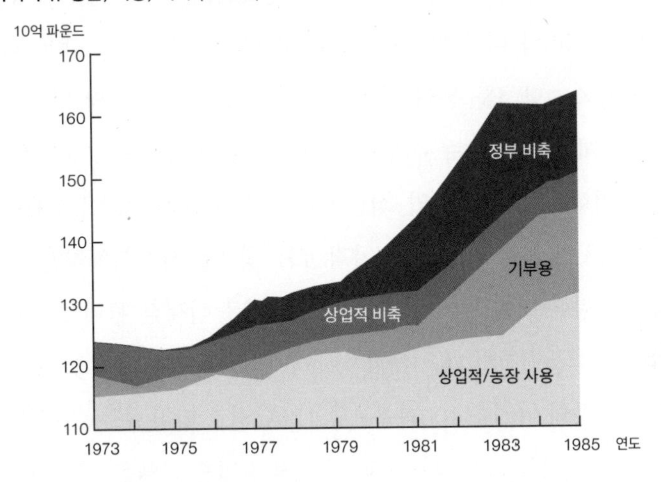

호르몬을 분비하는 유전자를 분리해 냈다. 1970년대 후반에 이르러 이 유전자를 대장균에 이식하는 기술을 개발함으로써 유전자 조작 소 성장 호르몬의 대량 생산이 가능해졌다.[9]

1980년대 초반 몬산토를 비롯하여 엘리 릴리Eli Lilly의 자회사인 엘란코Elanco, 업존UpJohn, 아메리칸 시안아미드American Cyanamid 등 4개 회사가 유전자 조작 소 성장 호르몬 생산에 성공했다고 발표했다.[10] 이들 중에서 상업용 제품을 출시한 회사는 몬산토가 유일하다.

몬산토는 1980년대 초부터 자신들의 실험용 농장이나 코넬대학교와 버몬트대학교와의 산학 협력을 통해 유전자 조작 소 성장 호르몬과 관련된 다양한 실험을 하였다.[11] 몬산토는 1985년 미국 식품의약국에 유전자 조작 소 성장 호르몬 사용 승인을 신청하였다. 그러나 미국 정부의 1985년 미국의 우유 공급, 사용, 비축 통계(앞쪽 그림)[12]를 통해 명백히 드러난 것처럼, 미국의 낙농업은 1970년대 후반부터 우유의 공급 과잉으로 골머리를 앓고 있었다. 미국 의회는 1981년 농업·식품법을 통해 우유의 가격을 100파운드 당 13.1달러로 맞춰 주는 가격 보조 정책을 사용하였지만, 우유의 생산량은 더욱 늘어나 공급 과잉이 더욱 심해졌다. 미국 의회는 1985년 식품안전법(The Food Security Act of 1985 ; P.L. 99-198)을 통해 우유의 가격을 100파운드당 11.6달러로 맞춰 주는 가격 보조 정책을 실시했다. 우유의 가격 보조 정책 기준 금액은 1986년부터 해마다 5달러씩 줄여 나가서 소요되는 예산을 감축하려고 했다.

미국 정부와 의회는 가격 보조 정책과 함께 우유 생산 종료 정책Milk Production Termination Program을 실시했다. 미국 정부는 18억 달러의 예산을 투입하여 1986년 4월부터 1987년 9월까지 축산 농가에서 150만 마리의 젖소를 구매한 후 도살하였다.

바로 이러한 상황에서 몬산토는 식품의약국에 유전자 조작 소 성장 호르몬의 상업적 시판을 위한 승인을 요청한 것이다. 몬산토가 개발한 인공 호르몬은 치료약도 아니었고, 미국의 축산 농민들에게 현실적으로 필요한 제품도 아니었다. 굳이 필요성을 따진다면 몬산토의 경제적 이윤을 충족시키는 정도가 아니었을까 싶다.

몬산토는 미국 정부로부터 시판 승인을 받기 훨씬 전인 1980년대부터 "식품의약국의 역사상 가장 많은 연구가 이루어진 제품"

"수년간 실험한 결과 그 성능이 입증된 제품" 등의 표현을 사용한 홍보용 비디오테이프를 축산업자들에게 배포했다.[13] 식품의약국은, 미국연방규정 CFR(Title 21 : 1-b-8-iv)은 아직 승인받지 않은 약품에 대한 이러한 광고를 허용하고 있지 않다면서 몬산토에 불법 선전을 중단해 줄 것을 요청하기도 했다.

심사가 진행되는 동안 여러 가지 의혹 제기와 안전성 논란이 제기되었음에도 불구하고, 미국 식품의약국은 1993년 11월 5일 파실락Posilac의 시판을 승인했다. 이에 관해서는 다음에서 자세히 살펴보기로 한다. 아무튼 몬산토는 1994년 2월 4일부터 파실락이라는 상품명으로 유전자 조작 소 성장 호르몬을 상업적으로 시판하기 시작했다.

2008년 8월, 몬산토는 미국 내 소비자 단체들이 10년간에 걸쳐 파실락의 안전성에 대해 문제 제기한 데 굴복하여 미국에서 파실락의 판매를 중단하겠다고 발표했다. 그리고 곧바로 엘란코에 3억 달러를 받고 파실락을 팔아치웠다.[14] 엘란코는 초국적 거대 제약사인 엘리 릴리의 자회사다.

한국의 럭키화학(LG생명과학을 거쳐 현 LG화학 생명과학본부)도 1984년부터 젖소 산유량 촉진제를 개발하기 시작하여 1994년부터 '부스틴BST'이라는 상품으로 판매하기 시작했다.[15] 지금까지 소 성장 호르몬을 상품화한 회사는 전 세계에서 LG생명과학과 미국의 몬산토 두 곳밖에 없다.

한편, 몬산토는 1998년 LG생명과학 제품이 자사의 특허를 침

해했다며 한국 법원에 소송을 제기했다. LG는 부스틴이 몬산토의 파실락과는 특허와 기술 구성이 다르며 그 효과 면에선 오히려 월등히 우수한 것이라고 주장했으나 서울지법 남부지원 1심 판결에서 패소했다. 2000년 4월 특허청 심판원에서는 LG생명과학 제품이 몬산토의 특허권 권리 범위에 속하지 않는다는 권리범위확인 심결이 내려졌다.[16] 2005년 11월 2일 대법원은 LG생명과학의 소 성장 호르몬은 초산토코페롤을 사용해서, 소마토트로핀과 오일로 만든 몬산토의 것과는 다른 제품이라 판단했다.[17]

2008년 전 세계 소 성장 호르몬 시장은 약 2억 달러였으며, 몬산토는 세계 시장의 90퍼센트가량을 장악했다. 미국의 소 성장 호르몬 시장은 1억 5,000달러로 전 세계 시장의 75퍼센트를 차지한다. LG생명과학은 멕시코, 브라질, 칠레 등 중남미 지역과 남아공 등 아프리카 지역, 그리고 아시아 지역을 중심으로 연간 약 2,000만 달러어치를 수출했다.[18] 2011년 부스틴의 총 매출액은 197억 원이었으며, 국내 판매액은 3억 3,700만 원이었다. 엘란코의 파실락은 국내에서 9,200만 원어치가 판매되어 국내 유전자 조작 소 성장 호르몬 시장의 27퍼센트 정도를 점유하고 있는 것으로 알려졌다.[19]

유전자 조작 소 성장 호르몬은 부스틴-250이라는 상품명으로 한우 및 육우(거세한 젖소 수컷)의 성장 촉진제로도 사용되고 있다. 부스틴-250은 500밀리그램의 호르몬이 들어 있는 부스틴-S보다 50퍼센트 줄여서 한우에서도 사용할 수 있도록 개발되었다. LG생명과학은 부스틴-250이 "한우에 있어서 어미소의 산유량 증가를 도와 송아지 성장을 촉진시켜 주는 역할을 한다."[20]라고 홍보하고 있다.

2) **유전자 조작 돼지 성장 호르몬**(Recombinant Porcine Somatotropin, rPST)

2011년 봄 중국에서는 이른바 '독돼지 파동'이 일어났다. 중국 CCTV는 2011년 3월 15일 〈건강하고 보기 좋은 돼지고기의 진상〉이라는 시사고발 프로그램을 방영했다. 허난성 멍저우孟州 지역의 양돈장에서 금지 약물인 클렌부테롤盐酸克伦特罗, Clenbuterol과 락토파민莱克多巴胺, Ractopamine을 먹여서 돼지를 살찌웠으며, 이를 허난 솽후이그룹河南双汇集团 지위안솽후이식품유한공사济源双汇食品有限公司에 공급하고 있다고 고발했다.[21] 솽후이 그룹은 총자산이 100억 위안이며, 연간 육류 생산량이 300만 톤에 달하는 중국 최대 육류 가공업체다.

독돼지 파동을 일으킨 클렌부테롤과 락토파민은 2002년부터 중국에서 사용이 금지된 약물이다.[22] 반면, 우리나라와 미국에서는 락토파민은 성장 촉진제로 사용이 허가되어 국내 양돈업에서 사용되고 있으며, 클렌부테롤은 한국과 미국에서 모두 가축에게 사용이 금지된 약물이다.*

* 락토파민은 고성능 액체 크로마토그래피HPLC: High-Performance Liquid Chromatography를 이용하여 검출할 수 있다. 그러나 이 방법은 시간과 비용이 많이 들며, 전문적인 검사 인력이 필요하다. 미국 농업연구청ARS연구원들은 지난 2004년 락토파민을 보다 간단하게 검출할 수 있는 두 가지 방법을 개발했다. 그 방법은 단일 클론 항체monoclonal antibody라 불리는 특정 단백질을 이용하여 효소 결합 면역 측정법ELISA: enzyme-linked immunosorbent assay과 광학적 바이오 센서를 이용하는 것이다.

클렌부테롤과 락토파민은 모두 천식 치료에 사용하는 기관지 확장제다. 이들 약물을 사용하면 지방이 감소하고 근육이 증가하는 부작용이 있다.[23] 스포츠 스타들이 단기간에 근력을 강화하기 위해 이 약물을 몰래 사용하다 도핑 테스트에 걸리는 단골 약물 중 하나다. 2010년 투르 드 프랑스 우승자인 사이클 스타 알베르토 콘타도르Alberto Contador는 도핑 검사 결과 클렌부테롤이 검출되었다. 그는 약물에 오염된 고기를 먹었기 때문에 소변에서 검출된 것이라며 선처를 호소하기도 했지만 우승 타이틀을 박탈당하고 2년간 출전금지 명령을 받았다.[24] 런던올림픽에 출전하는 중국 선수단도 도핑 검사에서 클렌부테롤이 검출될 우려가 있다며 돼지고기를 먹지 못하게 한 바 있다.[25]

가축이나 사람이 클렌부테롤이나 락토파민 같은 약물을 지나치게 많이 섭취하면 호흡이 빨라지고 말초혈관이 확장되며 신장 기능 이상을 초래할 수 있다. 또한, 인간이 음식을 통하여 장기간 섭취할 경우 암, 고혈압, 당뇨가 발생할 우려도 있다.

그런데 축산업계에서는 약물의 이러한 부작용을 오히려 가축의 지방 함량을 줄이고 살코기 함량을 늘리는 데 활용했다.[26] 기관지 확장제를 치료 목적이 아니라 사료에 섞어서 가축의 성장을 촉진시키기 위한 경제적 목적으로 사용했다.

클렌부테롤은 혈액 내 반감기가 락토파민보다 훨씬 길고, 이에 따라 생체 내 축적 가능성이 더 높다.[27] 바로 이러한 이유 때문에 상대적으로 생체 내 반감기가 짧고, 축적 가능성이 더 낮은 락토파민이 성장 촉진을 목적으로 한 사료 첨가제로 상업화되었다.

락토파민은 미국의 엘란코에서 소나 돼지의 성장을 촉진할 목적으로 사료에 첨가하는 '페일린Paylean'이라는 상품명으로 판매하고 있다. 미국에서는 1999년부터 판매가 허가되었으며, 우리나라에서는 2001년부터 시판되고 있다.*

그러나 유럽연합, 중국, 대만, 말레이시아 등 세계 160개국에서는 락토파민의 사용을 금지하고 있다.[28] 2011년 1월, 대만 정부 당국은 미국산 및 캐나다산 돼지고기와 쇠고기에서 락토파민이 검출되어 육류 수입을 중단시키기도 했다. 현재 락토파민의 시판이 허용된 나라는 미국, 캐나다, 호주, 브라질, 멕시코, 태국 등 27개국에 불과하다.[29]

2012년 6월 6일 코덱스(국제식품규격위원회The Codex Alimentarius Commission)는 락토파민을 돼지 및 소의 성장 촉진제로 사용하는 것을 승인했다.[30] 코덱스의 락토파민 '잔류 허용 기준MRL'은 살코기에서 10ppb, 간에서 40ppb, 신장에서 90ppb로 결정되었다.

코덱스의 승인은 185개 회원국 중에서 136개국이 표결에 참여하여 69 대 67로 결정되었는데, 미국의 거센 입김이 작용하였다는 비판이 제기되었다.[31] 유럽연합을 비롯한 중국, 대만, 인도, 터키, 이

* 국립수의과학검역원은 락토파민 등 79개에 대해 식품 내 잔류 허용 기준을 식약청이 마련하기도 전에 국내 시판 및 사용을 허용한 것으로, 2009년 감사원의 식약청 감사로 밝혀졌다. 감사원은 이 같은 경우에는 해당 동물용 의약품이 과다 잔류한 축산물을 섭취하는 것을 막거나 섭취한 내용을 확인할 방법이 없다는 점을 지적했다(락토파민 등 79개 동물용약, 기준마련 전 시판, 약사공론, 2010.6.9).

란, 이집트, 러시아 등은 반대하였다.

코덱스에서 미국 정부 주도로 잔류 허용 기준을 정하자 대만 정부도 미국에 더 이상 버티지 못하고 2012년 7월 25일 미국산 쇠고기 수입 관련 락토파민의 잔류 허용 기준을 정하겠다고 발표했다. 대만 행정원 위생서장은 한국과 일본의 락토파민 최대 잔류 허용 기준이 10ppb라는 점을 강조하고 대만도 이 기준을 설정할 것이라고 밝혔다.[32] 그리고 2012년 9월 11일 미국산 쇠고기 수입 관련 락토파민의 잔류 허용 기준을 10ppb 미만으로 제한한다고 대만 행정원 위생서 명의로 공식 발표했다.[33] 그리고 민심 회유책으로 9월 11일부로 쇠고기를 판매하는 마트, 재래시장, 식당 등에서는 쇠고기에 대한 원산지 증명 표기를 의무화하는 정책을 발표했다.

미국 정부는 1994년 체결된 무역 투자 기본 협정TIFA: the Trade and InvestmentFramework Agreement을 근거로 대만 정부의 락토파민 잔류 미국산 쇠고기의 금수 조치에 대해 무역 장벽에 해당한다며 이를 철폐하라고 압력을 행사했는데,[34] 결국 대만 정부는 대중의 반대를 무릅쓰고 미국 정부의 압력에 굴복하고 말았다.

락토파민은 리포신Reporcin과 함께 투여할 때 살이 더욱 잘 찌우는 효과가 있다.[35] 리포신은 유전자 조작 돼지 성장 호르몬rPST인데, 한국과 호주의 조인트 벤처회사인 자미라Zamira 생명과학에서 생산하고 있다.[36] 한국의 투자자는 시티시바이오CTCBio로 알려져 있다. 코스피 상장사인 브이지엑스VGX에서도 호주 정부의 승인을 받은 돼지 성장 호르몬 라이프타이드LifeTide™ SW 5를 생산하고 있다.[37] 라이프타이드는 돼지의 성장 호르몬 분비 호르몬GHRH을 발현하는 DNA 플라스미드로 구성된 주사제다.

리포신을 돼지에 투여할 수 있도록 허가된 국가는 호주, 말레이시아, 필리핀, 멕시코 네 곳이다. 미국에서는 젖소에 성장 호르몬제를 투여하는 것만 합법화되어 있다. 미국에서 비육우, 돼지, 닭, 오리 등에 성장 호르몬제를 투여하는 것은 불법이다. 우리나라에서도 돼지에 성장 호르몬제를 주사하는 것이 합법은 아니지만, 각종 양돈 관련 책에 성장 호르몬을 소개하고 있기 때문에 몰래 사용하고 있을 가능성도 있다.

현재 국내의 가축 성장 촉진제 시장 규모와 사용 농가 현황을 파악할 수 있는 객관적 자료는 존재하지 않는다. 그렇지만 농협중앙회 한우개량사업소조차도 "과거 25년간의 연구와 사용 경험에 따르면 비육우에 대한 성장 촉진제(랄그로: 피내이식제형)들은 송아지를 제외하고 거의 모든 축종에서 사용되고 있는 것으로 밝혀지고 있으며 이들에 대한 올바른 이식 요령과 적정한 시기 등은 좀 더 많은 경제적인 효과를 나타낼 수 있을 것으로 보인다."[38]라며 더 빨리 더 많이 살을 찌우기 위해 한우나 육우에게 여섯 가지 종류의 성 호르몬을 사용할 것을 권장하고 있는 것이 현실이다.

한우개량사업소가 소개한 여섯 가지 성 호르몬 중에서 에스트라디올, 프로제스테론, 테스토스테론 등 세 가지는 천연 호르몬이고, 제라놀(에스트로겐), 아세트산염 트렌볼론(안드로겐 효과가 있는 스테로이드), 아세트산염 멜렌제스트롤(프로제스틴) 등 세 가지는 합성 호르몬이다. 이들 성 호르몬 제품들은 13~16개월령에 체중이 약 400~450킬로그램이 때 귓바퀴의 피하에 주입하고 있다. 보통 2주 간격으로 출하 직전까지 8회 주사를 권장하고 있다. 시노벡스Synovex,* 스티어-오이드Steer-oid(시노벡스와 유사), 랄그로Ralgro,** 제라놀Zeranol, 컴퓨도스Compudose,*** 피나플릭스Finaflix, 레발로Revalor 등의 성 호르몬 제품들은 한 번 주입하면 60~100일 동안 작용한다. 컴퓨도즈-200 같은 제품은 작용 기간이 가장 길어서 200일이나 된다.

최근 축산업계에서는 락토파민과 거세 백신 주사를 동시에 사용했을 때 생산성 증대 효과를 연구가 지속적으로 진행되고 있다.[39] 수퇘지 고기는 익힐 때 아주 고약한 노린내가 난다. 이를 '웅취'라고 한다. 웅취는 돼지의 지방에 축적된 스케톨skatole과 안드로겐androgen이 열로 인해서 휘발되면서 발생한다.[40] 스케톨은 장내 세균의 부산물 또는 아미노산 트립토판의 세균성 대사 산물

* 180kg 이상의 성장기 및 비육기 소에 투여한다. 시노벡스(S)는 거세우에 사용한다. 프로게스테론 200mg, 에스트로겐 유사체(에스트라디올 벤조에이트) 20mg이 함유되어 있다. 시노벡스(H)는 비육 중인 암소에 사용하고 있는데, 테스토스테론 200mg, 에스트라디올 20mg이 들어 있다.

** 랄그로는 곰팡이에서 추출한 지베렐라 제아 화합물로 옥수수에서 발견되었다. 체내에서 단백질을 합성하는 특정한 호르몬의 분비를 촉진시킨다. 육종과 번식을 주목적으로 하는 소를 제외하고 모든 연령의 소에 사용한다.

*** 에스트라디올 17-B로 만들어졌는데 실리콘 고무와 혼합되어 피내 이식 시 일정한 속도로 에스트라디올을 유출시킨다. 거세우에서만 사용한다. 컴퓨도스-200은 200일 동안 약효가 지속된다는 뜻인데, 출하 65일 전까지 사용하는 경우가 많다.

인데, 주로 돼지가 섭취한 고섬유질 사료가 장내에서 발효되면서 발생한다. 스케토skato는 그리스어로 '똥'이라는 말에서 기원했다.[41] 안드로겐은 주로 고환에서 생성되는 남성 호르몬이다. 부신피질에서도 소량 생성된다. 고환에서 생성된 호르몬은 간에서 스케톨이 분해되는 것을 억제한다.

웅취를 제거하기 위해 생후 5~7일을 전후로 거세를 한다. 거세 수술은 거의 대부분 수의사의 전문적인 도움을 받지 못하며, 마취제도 사용하지 않고 농장 노동자들에 의해 시행되고 있다. 새끼돼지를 보정틀에 묶거나 그냥 사람이 돼지를 붙들고 고환을 제거하고 있다. 유럽에서는 해마다 1억 2,500만 마리의 수퇘지가 도축되는데, 그중 77퍼센트가 마취제를 사용하지 않고 거세를 하고 있는 형편이다.[42] 거세를 한 수퇘지는 암퇘지보다 사료를 8~10퍼센트가량 더 먹으며 빨리 크는 반면, 사료 효율은 3~4퍼센트 떨어진다. 미국에서는 육질을 고려한 거세 돼지의 출하 체중을 125킬로그램 이상으로 권장하고 있다.

동물 보호 단체들은 그동안 이러한 비인도적인 축산 관행에 대해 비판해 왔다. 유럽연합은 2012년 1월 1일부터 마취제를 사용하지 않는 돼지 거세 수술을 금지하였으며, 2018년까지 돼지 거세 수술 자체를 금지하기로 지난 2010년 12월 합의하였다.[43] 그렇지만 아직까지 합의가 정식 법령으로 채택되진 못했다. 영국과 아일랜드에서는 이미 돼지 거세 수술이 금지되어 있으며, 스페인과 포르투갈은 몇몇 영역에서 거세 수술을 금지하고 있다.

동물약품업계에서는 비인도적인 거세 수술에 대한 대안으로 면역학적인 방법을 이용한 새로운 거세 방법을 개발해 냈다. 거세 백신은 비인도적인 동물 학대를 예방할 수 있다는 긍정적 측면과 유전자 조작 육류 논란 같은 부정적 측면이 있다.

거세 백신 주사의 원리는 정소精巢의 작용을 촉진하는 성선자극방출호르몬GnRH에 대한 항체를 형성해 테스토스테론 호르몬의 분비를 억제하는 것이다. 테스토스테론의 분비가 억제되면 수퇘지의 지방 조직 속에 함유되어 고약한 냄새를 만들어 내는 스케톨과 안드로스테논androstenone의 형성이 억제된다.[44]

초국적 제약기업 화이자는 돼지 거세 백신 주사를 개발하여 '임프로박Improvac'이라는 상품명으로 1998년부터 호주와 뉴질랜드를 시작으로 2011년 미국까지 현재 50여 국에서 시판 허가를 받았다.[45] 영국의 경우 2009년부터 임프로박의 시판이 허가되었지만, 영국 인증식품관리원AFS은 2010년 초 소비자들의 우려를 고려하여 임프로박의 사용을 거부하였다.[46] 영국 돼지 생산자들의 90퍼센트가 영국 인증식품관리원의 빨간 트렉터 인증 마크를 취득했기 때문에 화이자의 임프로박 마케팅 활동은 현실적으로 어려운 상황이다. 영국의 소비자들은 거세 백신을 주사한 돼지고기에 표시를 할 것을 요구하고 있으며, 영국 수의사협회는 농장 노동자들이 임프로박 주사를 놓다가 실수로 자신을 찌르는 사고가 발생할 우려가 있다고 밝혔다.

국내에서도 2006년 11월부터 2007년 6월까지 몇몇 농장에서 실험을 거쳐 2008년부터 임프로박이 시판되고 있다. 그러나 거세 백신은 국내 축산 농가에서 외면받고 있는 상황이다. 그 이유는 두 차례 주사를 맞혀야 하는 번거로움이 있고, 약품 가격도 비싸며, 등급 판정소에서 거세 백신 주사를 맞은 돼지의 10퍼센트 이상이 비거세 판정을 받아서 경제적으로 손실이 크기 때문이다.

3) 양계 산업의 성장 호르몬

양계 산업에서 성장 호르몬은 사용이 금지되어 있다.[47] 그 이유는 성장 호르몬의 사용이 닭, 오리, 칠면조 등의 조류와 돼지에서 살을 찌우는 효과가 없는 것으로 밝혀졌기 때문이다. 따라서 상업적으로 생산되는 성장 호르몬 제품은 없다. 만일 그러한 제품이 있다면, 그것은 불법 행위에 해당된다. 다만 대학이나 연구실에서 과학 연구를 위해 성장 호르몬을 사용하고 있을 뿐이다.[48]

스테로이드 호르몬도 양계를 비롯하여 낙농, 송아지, 양돈 등의 산업에서 성장을 촉진하기 위한 목적으로 사용할 수 없다. 그러나 한국이나 미국에서는 축산업자가 모든 성장 촉진용 스테로이드 호르몬을 처방전 없이 구입OTC Drug: Over The Counter Drug할 수 있기 때문에 이를 불법적으로 사용할 우려가 있다.[49] 실제로 이집트에서 상업적으로 시판되고 있는 닭을 검사해 보니 단백 동화 스테로이드anabolic steroid 호르몬제가 검출되어 사회적 논란이 일어나기도 했다.[50]

4) 수산용 성장 촉진제

LG생명과학은 최신 바이오 기술로 세계 최초 경구용 어류 성장 촉진제 엘토실Eltosil을 개발했다[51]고 공개했다. 엘토실의 주성분은 유전자 조작 소 성장 호르몬이다.

LG생명과학은 "엘토실의 주성분은 191개 아미노산으로 구성된 성장 촉진 단백질로서, 생체에서 조직 및 세포 대사, 에너지 대사와 성장에 관여하는 물질(IGF-1 합성 및 분비 촉진)"이며, "치어와 육성어의 하부 장관에서 흡수되어 우수한 성장 촉진 효과(치어: 70~90퍼센트, 육성어: 20~75퍼센트)와 면역 증진 효과를 발휘한다." 라고 주장하고 있다. 또한, LG생명과학은 "양식 기간의 단축(넙치: 1~2개월 정도) 및 폐사율 감소로 단위 생산량을 증가시켜 주므로 양식 사업의 소득을 증가시킨다."라고 밝히고 있다.

LG생명과학은 이미 2005년부터 '친환경 어장 개발을 위한 건강 증진제 시험 보급 사업'이라는 명칭으로 수산용 성장 촉진제를 상업적 용도로 사용하기 시작했다. 2005년부터 충남 서산의 돌돔가두리 양식장 11개를 시작으로 2006년엔 흰다리새우 노지 양식장 두 곳에 엘토실을 관납으로 2008년까지 지속적으로 보급하였다. 2006년에는 충남 태안 양식협회 관납을 추진하여 태안군 우럭 양식장에 보급을 하기 시작하여 역시 2008년까지 지속적으로 보급한 것이 확인되었다.[52]

동물용 성장 호르몬의 문제점

1) 승인 과정의 문제점 : 회전문 인사*와 내부 고발자에 대한 보복

미국 정부가 파실락을 승인하는 과정은 전형적인 회전문 인사에 의해 이루어졌다. 대표적인 사례로 몬산토에 고용되어 유전자 조작 소 성장 호르몬의 안전성을 실험하여 식품의약국에 보고서를 제출한 연구팀의 일원이었던 마거릿 밀러Margaret Miller는 몬산토를 그만두고 식품의약국으로 직장을 옮겼다. 어처구니없게도 그녀가 식품의약국 공무원으로서 맡은 첫 번째 임무는 자신이 쓴 몬산토 보고서에 근거하여 유전자 조작 소 성장 호르몬을 승인할지 결정하는 일이었다.[53] 식품의약국에서 밀러를 보조하여 유전자 조작 소 성장 호르몬 승인 업무를 담당한 직원은 역시 전직 몬산토 직원 출신의 수전 세첸Susan Sechen이었다.

식품의약국에서 유전자 조작 소 성장 호르몬을 사용한 우유에 표시제Labelling를 실시할 것인가를 결정한 직원 역시 몬산토를 위

* 몬산토와 미국 정부 사이의 회전문 인사는 이 글에서 예로 든 것 외에도 몬산토의 자회사 서얼제약Searle Pharmaceuticals의 회장이었다 국방부 장관이 된 도널드 럼스펠드, 몬산토의 자회사인 칼진의 중역이었다 농무부장관에 임명된 앤 비니먼, 상무성장관과 무역통상대표부 대표를 맡다가 몬산토 이사로 임명된 미키 캔터, 환경보호청EPA 수석행정관에서 몬산토의 임원으로 변신한 윌리엄 러클스하우스, 백악관에서 대통령 보좌관과 정부간 업무실장을 지내다 몬산토의 국제 정부간 업무부장으로 옮겨 간 마르시아 헤일, 백악관 생산국장에서 몬산토의 글로벌 커뮤니케이션 국장이 된 조시 킹, 몬산토의 정부 및 행정업무국 부국장에서 환경보호청 차장으로 변신한 린다 피셔 등 이루 다 소개하기 힘들 정도로 많다.

해 일한 변호사 출신의 마이클 테일러Michael Taylor였다. 그는 킹 앤 스팰딩King and Spalding 법률사무소에서 몬산토를 위해 일하다가 1991년 식품의약국 정책부국장으로 임용되어 1994년까지 공무원 생활을 하였다. 공무원으로 일하는 동안, 몬산토가 개발한 유전자 조작 소 성장 호르몬제인 파실락을 승인하고, 표시제를 실시할 필요가 없다는 정책 결정을 내렸다.[54] 유전자 조작 표시제를 비껴 나간 논리는 유전자 조작 식품이 기존의 전통적 음식물과 동일하다고 선언함으로써 "일반적으로 안전하다고 인정되는 물질GRAS: Generally recognized as safe"로 규정하는 것이었다. 이렇게 함으로써 규제를 담당한 정부 기관이 생명공학회사들의 자발적 안전 검사에 의존하면서 안전성 논란이 제기된 제품의 GRAS 여부를 기업들 스스로 판단하도록 방치하게 되었다.[55] 마이클 테일러는 1998년에 현업에 복귀하여 몬산토 부사장이 되었다.

또한, 기업과 유착된 미국 정부는 파실락의 안전성에 대해 건전한 과학에 근거하여 문제 제기를 한 내부고발자에게 파렴치한 보복 행위를 자행했다. 식품의약국에서 내부고발자 역할을 한 식품의약국 산하 수의학센터CVM 독성학 부장 알렉산더 아포스톨루Alexander Apostolou는 식품의약국을 사직해야만 했다. 그는 진술서에 "동물 약품이 인간의 식품 안전에 끼치는 영향을 평가하기 위해서 시행되어야 할 정당한 과학적 과정이 무시되었다. 나는 수의학센터 상관들로부터 동물약품 산업에 우호적인 과학적 결론을 도출하라는 압력을 지속적으로 받았다. … 식품의약국에 근무하는 동안 약품업계의 스폰서들이 식품의약국의 과학적 분석이나 정책 결정, 그리고 중요한 업무에 부적절한 영향력을 행사하는 것을 목격했다."라고 밝힌 바 있다.[56]

뿐만 아니라, 수의사 출신의 수의학센터 약품생산부 소속 공무원으로 1985년 파실락의 승인 업무를 담당했던 리처드 버로Richard Burroughs는 몬산토에 파실락의 안진성에 관한 제대로 된 서류를 제출하라고 요구했다가 직무 수행 부족이라는 명분으로 1989년 해고를 당했다.[57] 그는 부당 해고에 맞서 법원에 소송을 벌여 승소 판결을 받아 냈다. 버로 박사는 복직하였으나 자신의 전문 분야와 관련이 없는 부서로 발령을 받고 직장 내에서 왕따를 당하자 결국 사직하였다.

2) 파실락 사용 승인 과정부터 제기된 안전성 논란

1991년 루럴 버몬트Rural Vermont(버몬트 주의 농민 단체)는 몬산토가 연구비를 지원하여 버몬트대학교에서 실시된 실험에서 유전자 조작 소 성장 호르몬을 젖소에 주사했을 때 기형 송아지의 증가, 유방염의 증가 등의 심각한 건강 문제가 드러났다고 폭로했다. 호르몬 주사를 맞은 젖소들은 유방에 세균 감염이 일어나 염증과 부종이 심했으며, 우유에 고름과 혈액이 섞여 나왔다. 심각한 유방염 치료를 위해 항생제 사용량을 늘렸으며, 우유에 항생제 잔류량이 늘어났다.[58] 바로 이러한 이유 때문에 루럴 버몬트, 유기농 소비자회Organic Consumers Association, 소비자연맹Consumers Union 등의 미국 시민 단체들은 파실락 시판 허가 당시부터 유전자 조작 성장 호르몬을 반대했다.

리처드 버로가 식품의약국으로부터 해고를 당한 얼마 뒤 새뮤얼 엡스타인[59]과 피트 하딘은 몬산토의 대외비 실험 자료를 제보받았다. 몬산토의 내부 실험 자료에 따르면, 유전자 조작 소 성장 호르몬 주사를 맞은 젖소들은 갑상선, 간, 심장, 신장, 난소 등의 각종 기관과 선gland의 크기가 훨씬 커졌다. 특히 오른쪽 난소는 평균 44퍼센트나 무게가 더 나갔다. 수정 능력이 저하되었으며, 혈중호르몬 농도가 1,000배나 높게 나왔다. 이들은 유방염으로 인해 항생제 치료를 자주 받았다.[60]

1990년 5월 존 커니어스가 "몬산토와 식품의약국이 소 성장 호르몬의 상용화 승인을 위해 동물 실험 결과에 관한 자료를 은폐하거나 폐기했다."라는 내용을 근거로 보건복지부에 공식 조사를 요청했다. 그의 요청은 회계감사원GAO의 감사로 이어졌다. 식품의약국은 이례적으로 《사이언스》에 "소 성장 호르몬을 투여받은 소에게서 나온 우유가 '인체에 안전하다."라는 논문을 게재했다.[61] 규제 당국이 안전성 심사가 끝나지 않은 제품에 대해 기업 측의 편을 들며 홍보에 나선 것이었다. 식품의약국은 소 성장 호르몬을 투여받은 소가 생산한 우유라고 하더라도 성장 호르몬이 증가하지 않는다고 주장했다.

그러나 식품의약국이 인용한 자료에서도 성장 호르몬이 26퍼센트나 증가하고 있음이 드러났다.[62] 뿐만 아니라, 식품의약국은 축산농민들이 일반적으로 2주 간격으로 1회 500밀리그램의 소 성장 호르몬을 투여하는데도 불구하고 자신들의 실험에서는 1회 10.6밀리그램만을 주사하였다. 더군다나 식품의약국은 우유의 살균 시간을 통상적인 경우보다 120배나 더 길게 살균한 몬산토의 실험 자료를 인용했다. 우유의 일반적인 저온살균 시간은 15초인데, 몬산토가 의뢰한 실험에서는 우유를 섭씨 90도에서 30분 동안이나 살균했다. 몬산토의 실험은 살균 과정에서 호르몬을 파괴시키고자 하는 명백한 의도를 드러냈다고 볼 수 있다. 게다가 몬산토가 의뢰한 실험에서는 자연적으로 발생하는 수준보다 120배나 더 강력한 극파棘波를 일으켰다. 이렇게 함으로써 살균을 통해 호르몬의 90퍼센트를 파괴했다.[63] 더욱 파렴치하고 비상식적인 사실은, 이 논문을 몬산토의 의뢰로 소 성장 호르몬 실험을 실시한 코넬대학교의 바우먼 박사가 감수했다는 점이다. 이것은 명백하게 동료 평가peer review의 신뢰성과 독립성을 저해하는 기만적 행위였다.

3) 엘란코의 기만행위에 앞장선 전직 농무부 차관

엘란코는 몬산토로부터 파실락을 인수한 후 2009년 3월부터 리처드 레이먼드Richard A. Raymond를 식품 안전 컨설턴트로 영입하였다. 리처드 레이먼드는 2005년 7월부터 2008년 10월까지 미국 농무부 식품 안전 차관을 역임한 고위 관료 출신이다.[64] 그는 농무부 차관으로 재직하는 동안 한미 FTA 4대 선결 조건 중 하나로 미국산 쇠고기 수입 재개를 밀어붙인 바 있다. 2006년 미국산 수입 쇠고기 검역 과정에서 수입 금지 물질인 뼛조각bone chip이 검출되어 수출 쇠고기가 반송되자, 오히려 "갈비를 포함한 뼛조각도 수입하라."며 한국 정부에 통상 압력을 행사하기도 했다.[65] 리처드 레이먼드는 2008년 광우병 촛불시위 당시에도 휴일인 5월 4일에 긴급 기자회견을 열고 "미국산 쇠고기는 국제수역사무국 기준에 맞는 세계에서 가장 안전한 공급 체계를 갖추고 있다."라며 "미국 정부의 통제와 검역은 광우병으로부터 식품 공급을 보호하기 위한 효과적인 시스템을 갖추고 있다."라고 강변하기도 했다.[66]

리처드 레이먼드는 엘란코로부터 자금을 지원받아 〈유전자 조작 소 성장 호르몬 : 안전성 분석〉[67]이라는 자료를 캐나다 몬트리올에서 열린 미국 낙농과학협회와 캐나다·미국 동물과학협회 합동 연례회의에서 발표하였다. 주 저자인 그를 비롯한 3명의 의사와 5명의 박사 등 모두 8명이 공동 저자로 발표한 11쪽짜리 자료는 36개의 질문과 답변으로 구성되어 있다. 그들은 생물학, 인간의 건강, 동물의 건강, 환경, 경제적 측면에서 유전자 조작 소 성장 호르몬에 관한 질문에 짧은 답변을 달았다.

일반인들이 보기에는 이 자료가 마치 과학적 사실을 정리한 과학 논문처럼 보일 수 있다. 듀크대학교병원 교수(Connie Bales), 코넬대학교 축산학과 교수(Dale Bauman), 노스캐롤라이나대학교 의대 내분비학 교수(David Clemmons), 하버드대학교 의대 소아

과교수(Ronald Kleinman), 상파울로대학교 축산학과 교수(Dante Lanna), 조지아대학교 축산학과 교수(Stephen Nickerson), 덴마크 오르후스대학교 축산학과 교수(Kristen Sejrsen) 등 8명의 공동 저자들은 화려한 경력을 자랑하고 있다.

그러나 이 자료는 과학 논문의 외피를 둘러쓴 싸구려 홍보 자료 또는 쓰레기 과학에 불과하다. 우선 과학 논문의 기본이라고 해야 할 동료 평가를 전혀 거치지 않았다.[68] 그러다 보니 사실과 다른 내용들로 채워져 있다.

리처드 레이먼드 등은 "유전자 조작 소 성장 호르몬을 투여한 소의 우유가 인간에게 안전하다는 점을 보여 주는 어떠한 증거가 있는가?"라는 세 번째 질문에 대한 답변에서 "인간이 유전자 조작 소 성장 호르몬을 소비하는 것이 안전하다는 점은 미국국립보건원National Institutes of Health, 미국소아과학회American Academy of Pediatrics, 미국암학회American Cancer Society, 미국의학협회American Medical Association를 포함한 미국 내 20개의 저명한 보건 조직과 세계보건기구, 식량농업기구를 포함한 국제 조직이 인정하고 있다." 라고 주장했다.

그러나 미국암학회, 미국소아과학회, 미국의학협회는 물론 세계보건기구와 식량농업기구도 유전자 조작 소 성장 호르몬의 안전성을 인정한 사실 자체가 없다.[69] 특히, 미국암학회, 미국소아과학회, 미국의학협회는 유전자 조작 소 성장 호르몬에 대한 어떠한 공식적인 정책을 발표한 적이 없다. 오히려 미국의학협회는

2008년 뉴스레터에서 "병원은 유전자 조작 소 성장 호르몬이 들어 있지 않는 우유를 사용해야 한다."[70]라는 전임 회장 론 데이비스의 말을 인용한 바 있다.

미국암학회는 "유전자 조작 소 성장 호르몬을 사용하면 젖소의 건강에 부정적인 영향을 끼칠 수 있다는 충분한 증거가 있다. 인간에게 잠재적 위해를 끼친다는 증거는 결론이 나지 않았다. … 유전자 조작 소 성장 호르몬에 의해 유발된 유방염을 치료하기 위해 항생제 사용이 증가함에 따라 항생제 내성 세균의 발달을 촉진시키지만, 이것이 인간에게 어느 정도 전염될 것인지는 명확하지 않다."[71]라는 중립적인 공식 입장을 가지고 있다.

엘란코는 마치 담배업계가 미국 학술원 원장을 지낸 프레더릭 사이츠를 전문가 용병으로 고용하여 의심 퍼뜨리기 홍보 전략을 세우면서 자신들의 주장에 과학이라는 겉모습을 씌운 것[72]과 비슷한 전략을 구사한 것으로 의심된다.

사회적 책임을 위한 의사회PSR 오리건 주 지부의 릭 노스Rick North는 "엘란코의 수많은 거짓 성명서와 유전자 조작 소 성장 호르몬 지지 단체라고 한 허위 진술은 단지 빙산의 일각에 불과하다. 레이먼드의 자료 전체가 유전자 조작 소 성장 호르몬 그 자체에 대해 이처럼 부정확하고, 오도하는 주장으로 가장 차 있다."[73]라고 일침을 놓았다.

동물용 성장 호르몬이 가축 및 인간의 건강에 끼치는 영향

인간이나 동물의 체외에서 들어온 호르몬 또는 호르몬 유사 물질은 생체 내의 호르몬 기능을 간섭하고 교란시킨다는 명백한 증거가 있다.[74] 이러한 물질들을 호르몬 작용 제제hormonally active agents, 내분비 교란 물질endocrine disrupting chemicals 또는 endocrine disrupting compounds, 환경호르몬 등으로 부른다. DDT, PCB's, BPA, PBDE's, phthalates 등이 대표적인 내분비 교란 물질로 밝혀졌다.

내분비 교란 물질에 가장 취약한 사람은 태아, 갓난아기, 어린이들이다.[75] 그중 특히 여성들의 위험성은 더 높다. 우리는 지난 역사 속에서 비非스테로이드성 합성 여성 호르몬인 디에틸스틸베스트롤DES: Diethylstilbestrol의 위험성을 뼈저리게 경험하였다. DES는 1940년부터 1971년까지 유산·조산·임신 합병증을 막기 위해 임신 여성에서 처방되었다.[76] 1950년대 DES의 이러한 약효가 없다는 연구가 나온 이후에도 정부와 산업계는 이 약물의 사용을 포기하지 않았다. 1971년 임신 중 모체 내에서 DES에 노출된 여성들과 자궁경부 및 질의 선암adenocarcinoma이 연관 관계가 있다는 연구 결과[77]가 나온 후에야, 미국 식품의약국 임신 여성에게 DES 처방을 금지하는 조치를 내렸다.[78]

그러나 1980년까지 축산업에서 사용을 금지하지 않았기 때문에 풍선 효과가 나타났다. 쇠고기 산업과 양계 산업에서는 1960년대부터 DES를 성장 호르몬 용도로 사용해 왔는데, 이 물질이 암을 일으킨다는 사실이 밝혀진 이후에도 가축에게 계속 투여했다.[79] 산업계를 보호한다는 명분으로 단계적으로 사용 금지 조치를 내린 것이다. 물론 현재는 인간의 식품을 생산하기 위한 가축에게 DES를 투여하는 것이 법적으로(CFR 21 Part 530.41) 금지되어 있다.

임신 중에 DES를 처방받은 여성에게서 태어난 딸들은 이에 노출되지 않은 딸들에 비해 자궁경부 및 질의 선암이 발생할 위험이 40배나 더 높으며, 40세 이후 유방암에 걸릴 확률이 더 높은 것으로 밝혀졌다.[80] 뿐만 아니라, 조산, 유산, 사산, 신생아 사망, 자궁외 임신, 자간 전증*, 불임, 조기 폐경 등의 위험이 DES에 노출되지 않은 여성에 비해 높다.

최근 프랑스 칸대학교 세라리니Séralini 박사팀이 라운드업(몬산토의 제초제 상표 이름) 제초제 및 라운드업 내성 NK603(몬산토) 유전자 조작 옥수수의 장기 독성에 관한 연구 결과[81]에서도 유전자 조작 옥수수와 라운드업 제초제가 내분비 교란 물질과 유사한 작용을 했다고 밝혀 논란이 되고 있다.[82]

연구팀은 쥐(Virgin albino Sprague-Dawley rats 5주령) 200마리

* 임신 20주 이후에 일어나는 고혈압과 단백뇨에 의해 발생하는 질환이다. 고혈압이 심해지면 경련·발작을 일으킨다. 자간 전증은 갑작스런 태아 사망의 원인이 되기도 하며, 산모가 사망하는 원인 중 15퍼센트를 차지한다.

를 4개의 실험군(라운드업 내성 NK603 유전자 조작 옥수수, 라운드업 내성 NK603 유전자 조작 옥수수+라운드업, 라운드업, 대조군)으로 나누어 쥐의 전 생애 주기인 2년 동안 독성실 험을 실시했다.

그 결과, 라운드업 및 유전자 조작 옥수수 투여 그룹이 대조군에 비해 사망률이 2~3배나 더 높았다. 대조군의 수컷 30퍼센트와 암컷 20퍼센트가 자연사한 반면, 라운드업 및 유전자 조작 옥수수가 포함된 사료를 투여한 수컷 50퍼센트와 암컷 70퍼센트가 사망했다. 사망률의 최대 차이는 17개월까지 11퍼센트 유전자 조작 옥수수를 투여한 수컷 그룹은 대조군에 비해 5배 더 사망했으며, 21개월까지 22퍼센트 유전자 조작 옥수수를 투여한 암컷 그룹은 대조군에 비해 6배 더 사망했다.

2년 후 아주 큰 종양이 나타나는 경우를 보면, 암컷 생쥐가 수컷에 비해 5배나 많았다. 14개월까지 대조군에서 종양이 전혀 나타나지 않았으나(0퍼센트), 라운드업 또는 유전자 조작 옥수수를 투여한 암컷의 10~30퍼센트에서 종양이 나타났다. 24개월 무렵까지 대조군의 30퍼센트에서 종양이 나타난 반면, 라운드업 또는 유전자 조작 옥수수를 처치한 암컷의 50~80퍼센트에서 종양이 발생했다. 암컷에서 유선 종양은 대부분 에스트로겐 의존성이었다.

암컷에서 유선 다음으로 영향을 많이 받은 기관은 뇌하수체였다. 뇌하수체는 간뇌에 있는 시상하부의 명령을 받아 호르몬을 생산한다. 유전자 조작 옥수수 투여군은 대조군에 비해 뇌하수체 종양이 2배나 더 많이 발생했으며, 라운드업 투여군의 70~80퍼센트는 대조군에 비해 뇌하수체 이상이 1.4~2.4배 더 많이 발생했다. 수컷의 경우 콩팥과 피부에서 큰 종양이 촉진되었다. 라운드업 또는 유전자 조작 옥수수를 투여한 수컷의 경우, 대조군에 비해 종양이 2배나 더 많이 발생했다.

세라리니 연구팀은 자신들의 연구 결과에서 "라운드업 또는 유전자 조작 옥수수의 투여 용량에 비례해서 효과가 나타나지 않았는데, 이것은 호르몬 질병의 사례에서 흔히 나타나는 것과 비슷하다."라고 밝혔다. 쇠고기와 우유 생산량을 증가시키기 위해서 축산업에서 사용하고 있는 비스테로이드성 성장 촉진 호르몬인 제라놀Zeranol에 관해 오하이오주립대학교 연구팀이 2002년 발표한 연구 결과에서도 이러한 사실이 증명된 바 있다.[83] 미국 식품의약국의 쇠고기 허용 기준보다 30배가 낮은 수준에서도 사람의 유방세포가 비정상적으로 성장했다.

또한, "병리학적 증상의 정도가 낮은 용량에서부터 역치 효과라고 추정되는 높은 용량까지 유사하게 나타났는데, 이것은 음식을 통한 섭취나 환경 노출을 통해 일어날 수 있음을 의미한다."라고 주장했다. 연구 결과에 따르면, 낮은 용량의 라운드업 단독 투여에도 눈에 띄게 유선 종양 발생이 유발되었으며, 라운드업은 에스트로겐을 합성하는 아로마타제aromatase를 붕괴시키거나 세포에서 에스트로겐이나 안드로겐 수용체를 간섭한다고 추정했다. 또한, 라운드업은 생체 내에서 성호르몬 분비를 억제하는 성 호르몬 내분비 교란 물질sex endocrine disruptor로 작용한다고 주장했다.

만일 세라리니 연구팀의 연구 결과가 과학적 사실로 판명된다면 라운드업 제초제와 유전자 조작 옥수수는 내분비 교란 물질 목록에 새롭게 추가될 것이며, 사전 예방의 원칙에 입각하여 유전자 조작 작물의 상업화를 반대해 온 환경·생태·보건 전문가들의 주장이 옳았음을 증명해 줄 것이다.

유전자 조작 옥수수나 라운드업 제초제의 위험성에 관한 평가는 앞으로 환경, 보건의료, 수의학, 생명공학 등의 과학계에서 진실 규명을 둘러싼 논란이 지속될 것이며, 이러한 논란은 단기간에 과학적 결론에 이르기 힘들 것이다. 왜냐하면 세라리니 연구팀의 실험이 옳았거나 틀렸음을 증명하기 위해서는 최소한 2년이라는 기간이 필요할 것이기 때문이다.

이에 반해 동물용 성장 호르몬이 가축 및 인간의 건강에 끼치는 영향은 라운드업 제초제 및 유전자 조작 작물에 비해 과학적으로 더 많은 것이 밝혀진 상황이다.

1) 가축의 건강 문제 : 유방염, 수정 능력 저하, 파행

유전자 조작 소 성장 호르몬을 사용할 경우 우유 생산량은 평균 10~15퍼센트 증가한다.[84] LG생명과학은 부스틴을 투여하는 기간 동안 약 8퍼센트 정도 사료의 섭취량이 증가하며, 약 20퍼센트 이상의 산유량이 증가하는 효과가 있다고 주장하고 있다.

그러나 유전자 조작 소 성장 호르몬의 부작용은 더욱 심각하다.

캐나다 보건부Health Canada가 캐나다 수의사협회Canadian Veterinary Medical Association에 의뢰하여 전문 패널들이 작성한 보고서[85]에 따르면, 유전자 조작 소 성장 호르몬의 사용은 소를 파행lameness으로 만드는 위험성을 50퍼센트 증가시키고 있으며, 유방염mastitis의 위험성을 25퍼센트 상승시키며, 불임으로 만드는 비율을 18퍼센트 증가시키고 있다. 이외에도 유선이 붓거나 궤양이 생기고 피부 발진, 발굽 이상, 헤모글로빈 감소 등 약 20여 가지의 부작용이 나타날 수 있다. 심지어 파실락을 판매하는 엘란코의 홈페이지에도 파실락은 임신율을 감소시킬 수 있으며, 임신 기간의 길이와 송아지의 출생 시 몸무게를 약간 감소시킬 수 있으며, 태반정체의 빈도를 증가시키는 등 생식 문제를 일으킨다고 인정하고 있다. 또한, 엘란코는 파실락이 유방염을 증가시킬 수 있다고 밝히고 있다. 그뿐 아니라 파실락을 주사한 소는 유방염과 다른 건강 문제로 보다 더 많은 치료약을 처치받을 수 있다고 주의를 촉구하고 있다.[86]

바로 이러한 이유 때문에 캐나다 보건부는 1998년 파실락의 사용을 금지했다. 현재 캐나다[87]를 비롯하여 호주 및 뉴질랜드,[88] 일본,[89] 유럽연합[90] 등은 유전자 조작 소 성장 호르몬의 사용을 금지하고 있다.

반면, 미국에서는 합법적으로 유전자 조작 소 성장 호르몬을 사용할 수 있다. 미국 정부도 유전자 조작 소 성장 호르몬의 부작용을 완전히 부정하지는 못한다. 미국 식품의약국은 유전자 조작 소 성장 호르몬 주사를 맞은 소의 40퍼센트가 유선염 치료를 받은 사실을 공개하기도 했다.[91] 미국 정부가 승인한 파실락의 사용설명서에는 소에게서 22가지의 부작용을 일으킬 수 있다는 사실이 명기되어 있다. 2007년 미 농무부의 조사에 따르면, 미국 농장의 15.2퍼센트와 젖소의 17.2퍼센트에서 유전자 조작 소 성장 호르몬을 사용하고 있는 것으로 추정되었다. 특히 규모가 큰 젖소 농장일수록 유전자 조작 소 성장 호르몬을 많이 사용하고 있었다. 미국 내 대규모 젖소 농장의 42퍼센트에서 유전자 조작 소 성장 호르몬을 사용하고 있다.[92]

한편, 국내의 유전자 조작 소 성장 호르몬 사용 실태는 제대로 알려지지 않았다. 현재 한국에서는 파실락 및 부스틴의 사용이 허용되어 있고, 오랫동안 이들 약품이 팔리고 있는 사실로 미루어 상당한 수의 젖소, 한우, 육우 농가에서 이를 사용하고 있다고 추정할 수 있다. 미국에서는 젖소에 성장 호르몬제를 투여하는 것만 합법화되어 있다. 미국에서 비육우, 돼지, 닭, 칠면조 등에 성장 호르몬제를 투여하는 것은 불법이다. 한국의 가축 성장 호르몬 정책은 미국과 거의 동일하다.

2) 인간의 건강에 대한 우려

가축의 건강뿐만 아니라 유전자 조작 소 성장 호르몬을 투여한 우유와 고기를 섭취한 인간의 건강에 대한 우려도 많다. 유전자 조작 소 성장 호르몬을 주사 받은 소에서 짠 우유에는 정상적인 소에서 짠 우유보다 인슐린 유사 성장 인자-1IGF-1이 무려 2배에서 10배가량 많이 포함되어 있다. 유전자 조작 소 성장 호르몬 파실락과 부스틴에 들어 있는 인슐린 유사 성장 인자-1이 높을 경우, 인간의 유방암, 전립선암, 폐암, 대장암 등이 발생할 위험성이 증가된다는 주장이 지속적으로 제기되고 있다. 인슐린 유사 성장 인자-1은 모든 세포의 증식을 촉진하는 성장 인자다. 체내에 인슐린 유사 성장 인자-1이 축적되면 말단거대증이나 거인증이 발생하며, 암 발생을 촉진한다. 핸킨슨Hankinson 박사팀은 "50세 이하 폐경 전 여성에서 인슐린 유사 성장 인자-1이 높아지면 유방암으로 발전할 가능성이 7배나 높다."라는 연구 결과를 발표한 바 있다.[93]

챈Chan 박사팀도 체내에 인슐린 유사 성장 인자-1 수준이 높은 남성이 전립선암에 걸릴 확률이 4배나 더 높다는 연구 결과를 발표하기도 했다.[94] 인슐린 성장 인자는 폐암의 위험성도 높여 준다. 미누토Minuto 박사팀은 폐암 환자의 경우 체내에 높은 수준의 인슐린 유사 성장 인자-1과 폐암 종양 세포가 인슐린 성장 인자를 자가조절autocrine로 생산한다는 사실을 밝혀냈다.[95] 영국 케임브리지대학교의 연구팀도 대장암의 원인이 음식과 밀접하다는 사실을 암시하는 연구 결과들이 나오고 있으며, 역학적 연구를 통해 인슐린 유사 성장 인자-1과 대장암의 연관 관계가 있다고 밝혔다.[96]

젖소의 유선염을 치료하기 위해서는 많은 항생제를 사용하게 된다. 결국 이러한 우유를 소비한 대중은 자신의 몸에 항생제가 더 많이 잔류할 수 있는 위험에 직면하며, 항생제 내성균에 노출될 가능성이 더 높다. 그뿐 아니라, 성장 호르몬제를 투여한 가축 및 어류에서 생산된 우유와 고기가 어린이 성조숙증의 원인이 될 수 있다는 우려가 끊임없이 제기되고 있다.

1979년 이탈리아 북부에서 어린 여학생들의 유방 발육이 급격하게 증가한 일이 발생했다.[97] 이탈리아에서는 닭, 돼지, 송아지, 양의 어린 동물 고기를 자주 섭취하는데, 이들 동물의 성장을 촉진하기 위해 단백 동화 스테로이드 호르몬제를 사용했을 가능성이 제기된 바 있다.

푸에르토리코에서도 1978년부터 1984년까지 어린 여자 어린이들에게서 조기 유방 발육증이 발생했다.[98] 이들 중 60퍼센트가 2세 미만에서 발생했는데, 과학적으로 확실한 원인을 밝혀내진 못했다.[99] 제라놀 같은 단백 동화 스테로이드(에스트로겐)나 디에틸스틸베스트롤일 가능성이 높게 제기되었으며, 에스트로겐 유사 작용을 하는 붉은 곰팡이독Fusarium toxin에 오염된 곡물 사료일 가능성도 제기되었다.[100] 그런데 성조숙증이 발생한 지역에서 생산된 우유, 쇠고기, 닭고기 등을 섭취하지 않자, 조기 발육된 유방 조직이 2~6개월 이내에 사라졌다.

오늘날 여자 어린이들은 갈수록 사춘기 연령이 낮아지고 있다. 조기 사춘기는 유방암의 위험 요인 중 하나로 알려져 있다.[101] 유럽 어린이들은 1991년(10.88세)에 비해 2006년(9.86세)에 사춘기가 1년 이상 짧아졌다.[102] 우리나라에서도 성조숙증 확진 후 치료를 받은 어린이(여 9세·남 10세 미만)는 2004년 194명에서 2010년

3,686명으로 7년 새 19배나 증가했다.[103] 인제대학교 상계백병원 소아청소년과 박미정 교수팀이 건강보험심사평가원 자료를 토대로 분석한 자료에 따르면, 특히 여자 어린이의 성조숙증 유병률이 높았다. 성조숙증 치료를 받은 여자 어린이 수는 총 8,037명으로 남자 어린이 231명보다 35배 더 많았다. 상계백병원 연구팀은 성조숙증 급증 원인을 "식습관의 변화, 비만으로 인한 호르몬 불균형, 스트레스, 환경호르몬 등"으로 추정했다.

성장 호르몬을 투여한 우유, 고기, 생선이 남성의 불임을 불러일으키는 원인이 될 우려도 제기되고 있다. 유럽불임학회가 발행하는 의학저널 《인간 생식Human Reproduction》은 2008년 3월 28일자에 "호르몬 처리된 쇠고기를 먹은 어머니가 낳은 아들은 쇠고기를 안 먹거나 적게 먹은 어머니가 낳은 남자보다 정자 수가 적었다."라는 섀나 스완Shanna Swan 미국 뉴욕 로체스터대학교 산부인과 교수팀의 연구 결과를 실었다.[104] 연구팀은 1949~83년에 태어난 미국인 남성 387명을 대상으로 연구를 한 결과, 일주일에 7회 이상 쇠고기를 먹은 여성의 아들은 쇠고기를 적게 먹은 여성의 아들보다 정자 수가 24.3퍼센트나 떨어진다고 밝혔다. 또한, 낮은 정자 농도를 가질 확률이 17.7퍼센트로 일반인들의 5.7퍼센트에 비해 3배나 높은 것으로 나타났다.

이와 같은 우려 때문에 미국과 한국의 공중보건 전문가들과 소비자들은 소 성장 호르몬의 사용을 중단할 것을 지속적으로 요구하고 있다. 2009년 12월 미국 공중보건협회APHA는 쇠고기와 우유를 생산하기 위해서 소 성장 호르몬을 사용하는 것을 반대하기로 결정했다.[105] 미국 공중보건협회는 5만 명의 공중보건 전문가들을 대표하는 전 세계에서 가장 오래되고 가장 큰 공중보건 전문가들의 조직이다. 지난 2008년에는 미국 의사협회의 전임 대표가 모든 회원들에게 병원에서 유전자 조작 소 성장 호르몬을 사용하지 않은 우유만을 사용할 것을 요청하기도 했다.[106]

결론 : 여성과 어린이 건강 위해 최소한 유럽연합 수준으로 동물용 성장 호르몬 규제해야

지금까지 살펴본 것처럼, 우리나라의 축산업과 수산양식업에서는 유전자 조작 소 성장 호르몬, 돼지 성장 촉진제, 경구용 어류 성장 촉진제 등 다양한 내분비 교란 물질이 광범위하게 사용되고 있다. 게다가 인간의 식품 원료에 동물용 성장 호르몬을 사용하고 있음에도 불구하고, 소비자가 이를 확인할 수 있는 표시(라벨)를 전혀 하지 않고 있다.

안전성 문제를 전혀 고려하지 않더라도 생명공학 기업이나 제약 기업에게는 그야말로 무한한 자유가 주어진 반면, 소비자들의 알 권리와 선택권은 극도로 제한받고 있다. 그야말로 영국의 철학자 이사야 벌린Isaiah Berlin이 "늑대의 자유는 양들에게는 죽음을 뜻한다."라고 적절하게 표현한 상황인 것이다.

더욱 우려스러운 점은, 국내산에 안전성과 규제가 제대로 마련되지 못하다 보니 수입산에 대해서도 유전자 조작 곡물 사료 또는 동물용 성장 호르몬 사용 여부를 확인할 수 있는 제도적 장치가 전혀 마련되지 않았다는 점이다. 우리의 식탁에 올라오는 상당수의 농축산물은 미국과 중국에서 수입한 것이다. 중국은 법규 상 규제가 존재하지만 불법이 횡행하여 "불량식품 천국"이라고 불리고 있다. 미국은 유전자 조작 곡물이나 동물용 성장 호르몬 규제가 느슨하여 표시제조차 전혀 시행하지 않고 있다. 그야말로 국내 소비자들은 식생활에서 '러시안 룰렛 게임'을 강요당하고 있는 셈이다.

2011년 말 현재 국내 18만 5,000가구가 넘는 축산 농가 중에서 유기 축산물 인증을 받은 농가는 한우 36곳, 젖소 35곳, 육우 1곳, 돼지 5곳, 산양 1곳, 육계 5곳, 산란계 14곳, 오리 1곳 등 97곳에 불과하다. 국내에서 사육되는 대부분의 가축들은 항생제와 성장 호르몬 등 각종 화학약품과 유전자 조작 곡물을 먹고 자라고 있다고 볼 수 있다. 심지어 넙치, 우럭, 새우 등의 양식에도 성장 호르

국내 가축 사육 현황 및 친환경 축산물 인증 현황[107]

	한육우	젖소	돼지	산란계	육계	오리
농가 수(호)	172,069	6,347	7,347	1,535	1,763	5,277
사육두수(1,000두)	2,950	429	9,881	61,691	77,871	12,733
무항생제 인증(호)	4,659	174	252	740	421	290
유기축산물 인증(호)	36	35	5	14	5	1

몬과 항생제가 널리 사용되고 있다. 왜냐하면 우리나라는 세계 최초로 경구용 어류 성장 호르몬의 상업적 시판을 허용하였기 때문이다.

최초로 상업화된 유전자 조작 제품이라고 할 수 있는 유전자 조작 소 성장 호르몬은 미국에서 승인되는 과정에서부터 정부와 기업의 회전문 인사와 양심적 내부 고발자에 대한 무자비한 보복으로 많은 논란을 불러일으켰다.

유전자 조작 소 성장 호르몬이 사용된 동물에게서 유방염, 불임, 수정 능력 저하, 파행, 기립 불능 등의 부작용이 빈번하게 보고되고 있다. 또한, 유전자 조작 소 성장 호르몬을 투여한 가축에게서 생산한 우유와 고기를 인간이 섭취할 경우 유방암, 전립선암, 폐암, 대장암 등의 암을 일으킬 위험이 높으며, 불임과 성조숙증을 불러일으킬 수 있다는 우려가 꾸준히 제기되고 있다. 그럼에도 불구하고 우리나라에서 임산부, 갓난아기, 어린이, 여성 등의 소비자들이 유전자 조작 소 성장 호르몬 처리를 하지 않은 우유와 고기, 그리고 횟감을 구해서 먹기가 쉽지 않은 것이 현실이다.

이러한 현실을 바꾸기 위해서는 '경제성장의 신화'나 '무상급식'의 프레임에서 벗어나 '식품 안전·생태·환경·건강'을 중심으로 패러다임의 대전환이 이루어져야 한다. 식품 안전과 건강에 관한 기준을 최소한 유럽연합 기준으로 높여야 한다. 그러한 패러다임의 대전환은 인간의 건강과 안전을 위해 사전 예방적 접근법으로 동물의 성장 호르몬을 규제해야 한다. 18대 대통령 선거를 앞둔 현재의 시점은 동물 성장 호르몬의 안전성에 관한 사회적 토론과 합의를 할 수 있는 좋은 계기가 될 것이라 생각한다.

특히, 표시제와 관련하여 최근 미국 연방 항소법원에서 주목할 만한 판결을 내린 바 있다. 미국 오하이오 주 농업부ODA는 2008년 유제품에 "무無 유전자 조작 소 성장 호르몬rBGH free" "무無 유전자재조합 소 성장 촉진제rBST free" "무無 인공 호르몬artificial hormone free" 등 소 성장 호르몬과 관련된 어떠한 표시도 하지 못하도록 하는 법령을 공포하였다.[108] 오하이오 주의 2008년 법령은 지난 1994년 미국 식품의약국이 유제품에 "rBGH free" "rBST free" "artificial hormone free" 같은 표시(라벨)를 붙이는 것은 대중의 잘못된 이해를 유도할 수 있으므로 필요 없다는 입장[109]을 낸 데에 근거한 것이었다.

그러자 국제낙농식품협회IDFA: the International Dairy Foods Association와 유기농무역협회OTA: the Organic Trade Association 2개의 단체가 이 법이 미국수정헌법 위반이라는 취지로 2009년 소송을 제기했다. 원고들은 지방법원에서는 패소했지만, 2010년 연방 항소법원에서 승소하여 표시를 금지하는 오하이오 주의 법을 개정하라는 취지의 판결을 받았다.[110] 이 판결로 인해서 2010년 9월 29일부터 미국 50개의 모든 주에서 "무無 유전자 조작 소 성장 호르몬" 표시가 합법적으로 가능하게 되었다.

연방 상소법원은 "(오하이오) 주는 '무無 유전자 조작 소 성장 호르몬rBGH free'이라는 표시가 허위虛僞, 기만欺瞞, 오도誤導에 해당하는 경우에만 규제를 실시할 수 있다."라고 밝혔다. 상소법원은 유전자 조작 소 성장 호르몬을 사용한 우유에 인슐린 유사 성장 인자-1과 지방이 더 많이 함유되어 있으며, 단백질이 더 적게 들어 있고, 더 산패酸敗가 잘 되는 등 구성 성분의 차이가 존재한다고 인정했다.[111] 법원이 과학적 평가를 내리는 권한을 가지고 있지는 않지만, 판결에서 인슐린 유사 성장 인자-1이 더 많이 들어 있는 우유를 먹으면 암에 걸릴 위험이 더 높아진다고 명시적으로 입장을 밝힌 점이 주목된다.

또한, 상소법원은 입증 책임을 정부에 맡겼다. 소비자들이 '무無 유전자 조작 소 성장 호르몬' 우유 표시로 인해 유전자 조작 소 성장 호르몬을 사용한 일반 우유와 서로 차이가 있다고 속을 수 있다는 점을 오하이오 주 정부가 입증하지 못했다고 지적했다.

동물용 성장 호르몬이 동물과 인간의 건강에 끼치는 위험은 과학적으로 충분하게 입증되지 않았지만 사전 예방의 조치를 취하는 것이 바람직하다.[112] 사전 예방적 접근법으로 동물의 성장 호르몬으로부터 인간의 건강과 안전을 지키기 위해서 다음 몇 가지를 권고한다.

첫째, 인간의 건강에 위해성이 없다는 사실이 과학적으로 입증될 때까지 동물용 성장 호르몬 사용의 모라토리엄moratorium을 선언하는 것이 최선이다.

둘째, 어린이와 여성, 그리고 환자들의 건강과 안전을 위해서 학교 급식, 병원 급식, 회사 식당에서 동물용 성장 호르몬이 사용되지 않은 우유, 고기, 어패류를 식재료로 사용할 필요가 있다.

셋째, 동물용 성장 호르몬의 모라토리엄을 즉시 선언하기 힘들다면 최소한 소비자의 알 권리와 선택권을 위해서 동물용 성장 호르몬이 사용되었다는 표시제를 의무적으로 시행해야 한다.

넷째, 동물용 성장 호르몬을 제조·판매하는 회사와 이를 사용하는 축산 농장과 육가공 및 유가공 업체에 대해 불매 운동, 항의 캠페인(전화, 인터넷, 1인 시위, 기자회견, 피케팅 등)을 전개하자. 이러한 축산 제품을 판매하는 백화점, 대형마트에 대해서도 이와 같은 대응 행동이 필요하다.

다섯째, 동물용 성장 호르몬을 판매하는 기업에 안전성에 관한 과학적 데이터 공개를 요구하는 정보 공개 운동을 벌이자.

여섯째, 정부, 대학, 연구 기관에서 동물용 성장 호르몬에 관한 장기 독성 연구와 광범위한 역학 연구를 수행할 것을 요구하자. 특히, 기업의 영향력으로부터 벗어나 소비자의 건강과 안전을 평가할 독립적 연구 기관이나 연구자에 대한 공공 지원이 필요하다.

일곱째, 식품 안전의 문제는 거대 자본의 독점 강화, 신자유주의의 확산 등과 밀접한 관계가 있다. 일국의 차원을 뛰어넘는 신자유주의에 반대하는 국제적인 연대가 필요하며, 여성·환경·생태·보건의료·생협·동물 보호·소비자 등 서로 다른 운동과의 연대가 절실하다.

대만의 사례에서 알 수 있듯이 자유 무역의 확대는 식품 안전과 관련한 규제를 완화시키는 역효과를 발휘하고 있다. WTO 체제에서 자유무역협정, 투자자-국가 제소ISD 등이 규제 완화의 도구로 악용되고 있으며, 최근의 전 세계적 경제 위기는 거대 농축산 기업이 과거보다 더 공격적으로 식품 규제에 반대하고 규제를 풀도록 요구할 가능성을 높이고 있다. 식품 안전을 위한 투쟁은 반反신자유주의 투쟁이며, 경제 위기 시기의 1퍼센트에 맞서는 99퍼센트의 투쟁이다.[113]

— 〈여성환경연대 토론회〉 발표문, 2012년 10월 11일

몬산토는 독극물을 판매하는 '죽음의 상인'인가, 기아로부터 인류를 해방할 '구세주'인가?

: 세라리니 교수팀의 유전자 조작 작물 장기 독성 연구에 대한 과학적 논란

우리나라 사람들은 해마다 평균적으로 유전자 조작 식품을 어느 정도 섭취하고 있을까? 현재로서는 정부나 대학 또는 연구 기관에서 이와 관련된 통계를 작성한 적이 없기 때문에 알 수 있는 방법이 없다. 아쉬운 대로 미국의 비영리 환경 단체인 'Environmental Working Group(EWG)'이 최근 발표한 자료가 있다. EWG는 미국의 성인들이 해마다 자신의 몸무게(81.2킬로그램)보다도 더 많은 유전자 조작 식품(87.5킬로그램)을 섭취하고

있다고 밝혔다.[114]

미국 농무부의 데이터에 따르면, 미국에서 재배된 사탕수수의 95퍼센트, 대두의 93퍼센트, 옥수수의 88퍼센트가 유전자 조작 작물이다. EWG의 통계에는 설탕, 옥수수를 재료로 만든 감미료, 콩으로 만든 샐러드유, 옥수수 제품 등 4개의 식품만 포함되었을 뿐이며, 유전자 조작 사료를 먹여 사육한 가축의 고기나 카놀라유와 파파야 같은 식품은 제외되었다. 이들 식품까지 포함할 경우 미국의 성인들은 자신이 알지도 못하는 사이에 더 많은 유전자 조작 식품을 일상적으로 소비하고 있는 셈이다. 당연히 건전한 상식을 가지고 있는 사람이라면, 유전자 조작 식품을 장기적으로 먹었을 때에 안전한지 알고 싶을 것이다.

프랑스 칸대학교의 세라리니 교수팀이 2012년 9월 19일자로 《식품 및 화학적 독성Food and Chemical Toxicology》에 발표한 유전자 조작 작물 장기 독성 연구는 이러한 궁금증에 대한 충격적인 답변을 내놓았다. 세라리니 교수팀은 몬산토의 라운드업 제초제와 그 제초제에 내성을 가진 유전자 조작 옥수수(NK603)에 대한 2년 동안의 장기 독성 연구 결과를 발표했다.[115] 유전자 조작 옥수수나 라운드업 제초제를 투여한 쥐들은 더 빨리 죽었으며, 암을 비롯한 종양도 더 많이 발생했으며, 간이나 신장의 기능도 더 악화되었다.

언론을 통해 보도된 이러한 결과는 대중에게 큰 반향을 일으켰으며, 유전자 조작 반대 운동 진영을 한껏 고무시켰다. 반면, 유전자 조작 작물과 농약을 통해 막대한 수익을 거두는 몬산토, 카길, 신젠타, 다우케미칼, 코카콜라 등의 생명공학 기업들은 세라리니 교수팀의 연구 결과를 흠집 내기 위해 격렬하게 대응했다. 친기업적인 유전자 조작 찬성 과학자들과 유전자 조작 옥수수가 안전하다고 승인을 내준 유럽연합의 규제 당국은 이러한 대응의 최전선에서 눈부신 활약을 하였다.

이 글에서는 세라리니 박사팀의 연구 결과를 소개하고, 장기 독성 연구를 실시하게 된 배경, 몬산토 등 유전자 조작 산업계의 반박과 저자들의 재반박, 과학계의 반응에 대해 정리해 보고자 한다.

세라리니 박사팀의 연구 결과

유전자 조작 옥수수나 라운드업을 투여한 암컷 쥐들은 대조군에 비해 2~3배나 더 많이 사망했으며, 그것도 더 빨리 죽었다. 이러한 차이는 수컷 쥐에서도 나타났다. 대조군의 수컷 30퍼센트와 암컷 20퍼센트가 자연사한 데 비해, 유전자 조작 옥수수를 먹은 수컷 50퍼센트와 암컷 70퍼센트가 조기 사망했다.

암컷 쥐들은 대규모 유선 종양이 나타났으며, 뇌하수체에 이상 증상이 그다음으로 많이 나타났다. 종양은 수컷 쥐보다 암컷 주에서 5배나 더 많이 발생했다. 대조군에서는 14개월까지 종양 발생이 없었으나, 유전자 조작 옥수수나 라운드업을 투여한 암컷에서는 10~30퍼센트에서 종양이 발생했다.

유전자 조작 옥수수와 라운드업을 투여한 수컷 쥐에서도 간 종대 및 괴사가 대조군보다 2.5~5.5배 더 높게 나타났다. 이러한 병리학적 소견은 육안으로도 확인되었을 뿐만 아니라, 전자현미경 검사로도 확인할 수 있었다. 유전자 조작 옥수수와 라운드업을 투여한 수컷 쥐는 대조군보다 현저하게 심한 신장병이 1.3~2.3배 더 나타났다. 손으로 촉진할 수 있는 큰 종양이 4배나 더 많이 확인되었는데, 어떤 경우엔 대조군보다 600일이나 빨리 발생했다.

생화학적 검사 결과에서도 아주 중요한 만성적 신장 결함이 나타났다. 유전자 조작 옥수수와 라운드업을 투여한 암컷 쥐와 수컷 쥐의 76퍼센트에서 신장 관련 수치가 변화하였다.

연구팀은 모든 실험 결과에서 호르몬 및 성sex에 의존적인 것으로 나타났으며, 유전자 조작 옥수수와 라운드업 제초제 때문에 성 호르몬의 균형이 변형되었기 때문에 이러한 결과가 나온 것으로 추정했다.

이 논문은 최초로 유전자 조작 옥수수와 라운드업 제초제를 대상으로 실시한 장기 독성 연구라는 점에서 큰 의미가 있다. 실험 결과는 유전자 조작 옥수수와 라운드업의 투여 용량에 비례해서 효과가 나타나지 않았는데, 이것은 호르몬 질병의 사례에서 흔히 나타나는 것과 비슷하다. 이번 연구에서 병리학적 증상의 정도가 낮은 용량에서부터 역치 효과라고 추정되는 높은 용량까지 유사하게 나타났다. 이것은 음식을 통한 섭취나 환경 노출을 통해 독성이 나타날 수 있음을 의미한다.

세라리니팀의
장기 독성 연구 배경

실험에 사용된 몬산토의 NK603 유전자 조작 옥수수는 유럽연합이 최초로 식품 및 사료로 승인한 유전자 조작 작물이며, 2002년 한국 식약청도 미국, 일본, 캐나다, 호주, 남아공에 이어 세계에서 여섯 번째로 NK603의 식품으로서의 안전성을 승인하였다.[116] 몬산토는 NK603을 글리포세이트glyphosate 제초제(상품명 Roundup Ready®)에 내성을 가지도록 유전자 변형을 시켰다.

1974년 미국에서 최초로 출시된 '소탕Round up'이라는 뜻을 가진 글리포세이트 성분의 제초제는 지속적으로 안전성 논란이 제기되었다. 1983년 발표된 미국 환경보호청EPA 보고서에 따르면, 몬산토의 독물학자인 폴 라이트 박사가 간부로 있었던 IBTIndustrial Bio-Test가 몬산토의 라운드업 제초제 성분인 글리포세이트의 독성 실험 결과를 무려 30건이나 조작했음이 드러났다.[117]

1991년에도 환경보호청은 몬산토 등의 농화학 기업을 위해 독성 검사를 수행하던 크레이븐 연구소Craven Labs에서 감자, 자두, 포도, 사탕무를 비롯한 농작물과 토양 및 물에 남아 있는 라운드업을 포함한 살충제의 잔류 검사 결과를 조작한 사실을 적발한 바 있다.[118] 크레이븐 연구소장은 5년의 징역형과 5만 달러의 벌금을 선고받았으며, 크레이븐 연구소는 1,550만 달러의 벌금과 370만 달러의 손해배상액을 선고받았다.[119]

심지어 IBT가 1970년대에 작성한 한 실험보고서에는 "'수컷' 토끼에게서 추출한 '자궁' 조직을 검사했다."[120]라는 어처구니없는 내용까지 등장한다는 사실이 환경보호청 조사 결과 밝혀지기도 했다.

그러나 조작된 실험 결과의 실질적 수혜자인 몬산토를 비롯한 농화학 기업들은 회전문 인사 덕분에 아무런 제재를 당하지 않았다.

2001년 캐나다 서스캐처원대학교의 연구진은 1년에 2회 이상 라운드업에 노출된 사람은 전혀 노출되지 않은 사람보다 비호지킨 림프종Non-Hodgkin's Lymphoma에 걸릴 확률이 2배 더 높다는 역학 조사 결과를 발표했다.[121] 이러한 연구 결과는 2002년 스웨덴 농약 전문가들의 연구[122]와 2003년 미국 국립암연구소NCI의 농민을 대상으로 한 역학 조사 결과[123]에 의해 재차 입증되었다.

세라리니는 1991년 캉대학교 분자생물학 교수로 부임하여 기초 및 응용 생물학 연구소IBFA 연구자로 재직하면서 국제 학술지에 150편 이상의 논문을 발표한 과학자다.[124] 그는 1990년대 초 프랑스 정부의 유전자 조작 식품 평가 기관에서 일하는 동안 유전자 조작 작물의 안전성에 대한 우려를 표명했으며, 그 후 유전자 조작 식품의 안전성을 평가하는 비영리단체인 '유전공학연구 및 정보위원회CRIIGEN'를 설립했다.

세라리니 박사팀은 지난 2009년 몬산토가 실시한 3종(Mon863, Mon810, NK603)의 유전자 변형 옥수수에 대한 안전성을 평가하기 위해 실행된 "흰쥐Rat를 이용한 90일 독성 시험"의 실험 결과를 '통계학적으로' 재해석하여 발표한 바 있다.[125] 이 논문에서 저자들은 3종의 유전자 조작 옥수수의 섭취는 성별과 섭취량에 따라서 부작용을 나타내며, 특히 해독 기관인 간과 신장에 독성 징후를 보인다고 주장했다.

그러나 몬산토를 비롯한 생명공학업계는 세라리니 박사팀의 논문에 대해 혈액이나 오줌, 체중 변화는 "조직tissue상에서의 변화를 동반하지 않아 일시적인 회복 가능한 변화일 수 있으며, 기능상의 변화를 가져오지 않아 독성학적 소견으로 보기 쉽지 않다."라는 견해를 밝혔다.[126] 또한, "세라리니 박사 연구팀이 언급한 것과 같이 실험 결과 나타난 변화들이 기능상의 변화를 일으키고, 불가역적인 지속성 있는 변화임을 확인하려면 1년 내지는 2년 정도까지의 장기적 시험이 필요하다는 주장은 독성학적 관점으로 그 필요성이 인정된다."라며 "현재 3개월 이상의 반복 투여 시험은 유전자 조작 작물의 인체 안전성 평가에서 통상적으로 요구되지 않는 사항이라 개발자의 자발적 참여가 필요하다고 볼 수 있다."라며 안전성 검증을 회피했다.

그래서 세라리니 교수팀은 시민들의 자발적인 연구비 모금을 통해 정부의 규제 당국이나 생명공학 산업계에서 검증을 회피하였던 유전자 조작 작물의 장기적 시험을 실시한 것이다.

세라리니 교수팀의 연구 결과에 대한 산업계 및 과학계의 반응

유전자 조작 압력 단체들은 세라리니 교수팀의 연구 결과가 발표되자 곧바로 격렬한 반격에 나섰다. 9월 20일자 《뉴욕타임스》에는 이 연구를 비판하는 브루스 채시Bruce M. Chassy 교수를 비롯한 2명의 전문가 인터뷰가 실렸다. 채시는 일리노이대학교 농업소비자환경과학대학 부과장으로 재직 중인 대표적인 유전자 조작 음모 이론가다. 그는 "전 세계적으로 엄청난 자금과 조직력을 바탕으로 잘못된 정보와 공포를 퍼뜨려 유전자 조작 작물을 반대한다."라고 주장한 바 있다.[127] 그는 언론 인터뷰에서 유전자 조작 작물이 건강에 해롭다는 주장을 부인하며, "이런 의견은 정말 잘못된 생각이다. 유전자 조작 식량이 일반 식량보다 더 영양이 풍부하고 유익하다는 것이 맞는 말이다. 전 세계 식량의 약 70퍼센트가 유전자 조작된 것이며, 사람들은 유전자 조작 식량이 아닌 비위생적인 유기농 식량을 통해서 병이 드는 것이다."라고 밝혔다.[128]

9월 20일자 《파이낸셜타임스》에도 이 연구를 비판하는 앤서니

트레와바스Anthony Trewavas 교수를 비롯한 2명의 전문가 인터뷰가 실렸다. 유전자 조작 산업계를 대변하여 유기농과 반-GMO 운동을 비난하는 데 앞장서고 있는 트레와바스 교수는 2001년 10월 런던 고등법원에서 환경운동 단체 그린피스의 명예를 훼손했다는 판결을 받은 바 있다.[129] 그는 미국 농식품기업과 의원들에게 유전자 조작 반대 운동에 대해서 "잔인하고, 무정부주의적이며, 솔직히 단순한 파괴주의적bloody minded, anarchist and frankly merely destructive"이라며 "과학을 우익 선전선동의 도구로 활용하라."라고 조언했다. 또한, 그는 유전자 조작 비판자들을 공격하기 위해 언론 매체와 접촉할 기회를 늘리라고 조언했다.

뿐만 아니라, 트레와바스는 1999년 《네이처》에 기고한 2쪽짜리 글에서 과학적 근거가 전혀 없는 엉터리 참고문헌을 인용했음이 밝혀져 망신을 당하기도 했다. 그는 "그린피스의 의도대로 전 세계적으로 유기농이 늘어날수록 삼림지대가 더 많이 파괴될 것이며, 농업의 질이 형편없이 떨어질 것이다." "유기농의 곰팡이균 오염 및 잠재적인 치명적 O157 감염이 유기농의 추가적인 문제다." "다양한 토양에서 유기농의 평균적인 산출량은 집약 농업의 절반에 불과하다."라는 세 가지 주장에 대해 데니스 에이버리Dennis Avery의 책을 그 근거로 제시했다.[130]

그러나 에이버리는 과학자가 아니라 극우파 논리를 설파하는 칼럼니스트에 불과하다. 그는 미시간주립대학교와 위스콘신대학교에서 농업경제학을 전공한 후, 미국 농무부에서 근무했으며, 현재는 허드슨연구소 연구원으로 있다. 그는 프레드 싱어Fred Singer 와 공동으로 지구 온난화(기후 변화)를 부정하는 《지구 온난화에 속지 마라Unstoppable Global Warming》를 출판하기도 했다.

싱어는 담배의 유해성이 입증되지 않았다는 엉터리 주장을 대놓고 말하기 힘들어질 무렵 잽싸게 다른 분야로 옮겨 가서 기업들을 대변해 지구 온난화를 부정했다.

에이버리가 쓴 《음식 공포 : 위험, 건강, 그리고 환경Fearing Food: Risk, Health and Environment》이라는 책의 내용은 그것을 뒷받침할 어떠한 과학적 근거도 제시하지 못했다. 그는 동료 평가를 거친 과학적 연구 결과에 근거해서 책을 쓴 것이 아니라 일방적인 선전·선동을 한 것에 불과했다. 《네이처》에 실린 트레와바스의 글은 바로 이러한 엉터리 책을 자신의 주장의 근거로 제시한 것이었다.

이 같은 사실을 잘 알고 있었던 세라리니 교수는 로이터 통신과의 인터뷰에서 "나는 산업계의 로비스트가 아니라 진짜 과학자 동료들과 공정하게 논쟁을 하기 위해서, 유전자 조작 작물과 농약의 건강상 영향에 대해 과학 잡지에 논문을 발표한 사실이 있는 과학자들의 비판을 기다리고 있다."라고 일갈하기도 했다.[131]

산업계의 로비스트와 친기업적인 유전자 조작 옹호 과학자들이 제기한 비판과 세라리니 교수팀의 반박을 정리하면 다음과 같다.[132]

비판 1 • 연구 결과가 실린 《식품 및 화학 독성》지는 미국에서 가장 권위 있는 학술지가 아니다.

반박 • 《식품 및 화학독성》지는 동료 평가를 실시하는 국제적인 학술지다(2011년 피인용지수IF: Impact Factor 2.999. 최근 5년간 평균 IF 3.078). 몬산토 직원으로 채용된 과학자들도 2004년 라운드업에 내성을 가지는 유전자 조작 옥수수의 13주 독성평가 실험 결과를 세라리니 박사팀이 2012년 논문을 발표한 바로 《식품 및 화학독성》지에 발표했다.[133] 뿐만 아니라, 몬산토 소속 직원들은 2006년에도 유전자 조작 옥수수의 90일 독성평가 실험 결과를 이 학술지에 발표했다.[134] 어디 그뿐인가. 세라리니 교수팀이 몬산토의 MON863 유전자 조작 옥수수 독성 실험 데이터를 재분석한 논문에 대한 전문가 패널의 비판 논문도 2007년에 바로 이 학술지에 발표된 바 있다.[135]

비판 2 • 세라리니팀의 실험은 종양에 자연적으로 잘 걸리는 실험용 쥐를 사용했다.

케임브리지대학교의 데이비드 스피겔할터David Spiegelhalter는 이번 연구에서 시험법, 통계, 결과 보고가 모두 기준 이하이며, 특히 대조군 쥐에서도 다수가 암이 발생한 것을 지적했다.[136]

반박 • 전 세계적으로 Sprague-Dawley 쥐를 독성학 연구에 많이 사용하고 있다. 이 쥐는 생물학적으로 신체적으로 안정된 수준을 유지할 수 있는 장점이 있다. 게다가 이 쥐는 몬산토를 포함한 산업계가 유전자 조작 제품의 안전성을 평가하기 위해 처음 도입한 것이다.

세라리니 박사팀이 실험에 사용한 쥐SD rats는 몬산토의 90일 동안의 유전자 조작 작물 독성 연구에도 사용되었으며, 생명공학 기업이나 독립적으로 수행된 만성 독성 연구, 그리고 화학물질의 발암성 연구에 사용되었다. 통제된 실험에서 종양의 자연발생률은 문제가 되지 않는다. 문제는 유전자 조작 작물과 라운드업 농약을 투여한 실험군에서 종양 발생이 증가하였다는 것이다. 세라리니팀의 연구에서는 모든 실험군이 암컷이나 수컷 모두 큰 종양 발생률이 대조군에 비해 2~3배 증가했다.

이 쥐는 인간 동등성 모델human-equivalent model로 다양한 의학 연구에 사용되고 있다. 이탈리아의 라마치니 연구소는 SD 쥐를 장기 발암성 연구에서 탁월한 인간 동등성 모델이라고 밝힌 바 있다.[137] 인간의 경우 종양의 80퍼센트는 65세 이상에서 발생하고 있으며, SD 쥐의 경우도 종양의 80퍼센트는 104주 이상에서 발생했다. SD 쥐의 생애 16주는 인간의 수명 10년에 해당하므로 인간과 SD 쥐의 종양 발생 연령이 서로 상응함을 알 수 있다.

이러한 이유 때문에 산업계에서 규제 목적으로 사용하기 위해 살충제 및 화학물질, 유전자 조작 식품의 발암성 및 만성 독성 연구에 SD 쥐를 사용한 연구 논문이 수백 편이 넘게 발표된 것이다. 세라리니 연구팀을 비판하는 소위 '전문가'들이 지적하는 것처럼 SD 쥐를 이용한 것이 "잘못된 실험 동물"이라면 똑같이 SD 쥐 실험을 근거로 승인을 받은 모든 살충제, 화학물질, 유전자 조작 식품의 승인이 취소되어야 할 것이다.

따라서 세라리니 연구팀이 실험 동물을 잘못 선택했다고 비판하는 것은 과학적 근거가 전혀 없을 뿐만 아니라 음해에 가까운 정치 공세라고 볼 수 있다.

비판 3 · 국제적으로 공인받은 OECD 실험 지침[138]을 준수하지 않았으며, 실험 설계가 잘못되었다. 이 지침에 따르면, 최소한 50마리의 쥐로 실험군을 구성해야 한다. 그러나 세라리니팀은 10마리로 실험군을 구성했다.

반박 · 유전자 조작 곡물이나 식품의 안전성을 검증하는 국제적으로 공인받은 실험 방법 자체가 존재하지 않는다. 생명공학 기업들과 정부 규제 당국은 유전자 조작 안전성을 검증하는 공인된 실험 방법을 수립하는 것을 반대해 왔다. 그래서 생명공학 기업들은 자신들의 유전자 조작 상품에 대해 자기 마음대로 안전성 실험을 설계해 왔던 것이다. 심지어 생명공학 기업들은 정부의 규제 당국에 안전성 검사 서류를 제출할 때 자신들에게 불리한 검사 결과들을 제외시켜 버리기까지 했다.

세라리니팀의 연구는 독성 연구이지, 발암성 연구가 아니다. 발암성 실험을 위해서는 OECD 451(Carcinogenicity Studies) 및 OECD 453(Combined Chronic Toxicity / Carcinogenicity Studies) 지침에 따

라 실험군을 50마리로 구성했을 것이다. 그러나 우리 연구는 독성 연구를 목적으로 했기 때문에 OECD 408 지침에 따라 실험군을 각 성별로 10마리씩 구성한 것이다. 왜냐하면 몬산토의 유전자 조작 옥수수가 종양이나 암을 일으킨다는 몬산토 또는 독립 연구자들의 연구 결과가 나온 바가 없기 때문에 발암성 시험을 할 이유가 없었다. 그뿐만 아니라 해먼드Hammond 등 몬산토 소속 직원들이 수행한 2006년 실험에서도 세라리니팀과 똑같이 OECD 408(Chronic Toxicity Studies) 지침에 따라 실험군을 각 성별로 10마리씩 구성한 바 있다.

비판 4 • 대조군의 숫자가 너무 적다. 실험용 쥐에서 나타난 무작위적인 변이가 종양으로 발전한 것처럼 보일 수 있다.

반박 • 실험군이 20마리이므로 대조군도 20마리(숫놈 10마리 + 암놈 10마리)로 하는 것이 적절하다. 종양의 발생 빈도를 측정하기 위해 20마리의 대조군을 설정하는 것은 충분하다. 수백 마리를 실험할 필요가 없다. 오히려 대조군 수가 많을 경우 데이터 잡음data noise을 초래할 수 있다.

가장 중요한 사실은 대조군과 실험군에서 각각 종양 발생 빈도가 아주 큰 차이로 나타났다는 점이다. 실험용 쥐에서 나타난 무작위적인 변이가 종양으로 발전한 것이라는 주장은 옳지 않다. 대조군과 실험군 사이의 차이는 두 군의 표준편차보다 훨씬 크다. 세라리니 박사팀의 연구에서는 대조군과 실험군 사이의 차이가 아주 크기 때문에 통계학적 테스트를 사용할 필요가 전혀 없다. 이 연구에서는 실험군에 더 많은 쥐를 사용했으며, 그동안 산업계(몬산토)가 NK603 유전자 조작 옥수수와 다른 유전자 조작 작물 제품의 승인을 받기 위해 실시한 이전의 조사(90일 독성 시험)와 비교해서도 보다 더 장기간 실험을 실시했다(몬산토가 미국 식품의약국 승인을 위해 제출한 실험에서도 실험군 20마리, 대조군 10마리였다).

비판 5 • 통계학적 분석에 결함이 있다. 표준적인 방법을 사용하지 않았으며, 통계 수치를 낚시질statistical fishing trip했다.

반박 • 통계학적 분석은 데이터 조합의 다양한 조합을 평가하기 위해 사용할 수 있는 수많은 유효한 방법 중 하나다. 연구팀의 구성원 중 통계 전문가가 있었으며, 연구팀의 결과는 통계 수치를 낚시질한 것이 아니다. 논문에서 간과 신장의 수많은 파라미터parameter가 보여 주는 중요성과 테이블 1 및 2에서 집중적으로 조명한 내용들을 보면 알 수 있다.

비판 6 • 미국에서는 오랜 기간 동안 유전자 조작 식품이 식품 체계로 편입되어 왔다. 왜 미국인들과 동물들에서 보다 많은 종양이 발생하거나 조기 사망하는 일이 발생했다는 증거가 없는 것일까? 왜 미국인들은 "마치 파리가 떨어지듯이dropping like flies" 쓰러져 죽지 않는 것일까?

반박 • 대부분의 유전자 조작 작물은 가축에게 사료로 투여되고 있으며, 가축들은 고기나 우유 생산을 위해 상대적으로 짧은 생애를 살고 있다. 바로 이러한 이유 때문에 종양이 발달할 충분한 시간이 없었을 것으로 추정된다.

또한, 미국인들은 유전자 조작 작물(콩, 옥수수 등) 가공식품의 상당한 양을 인간의 생애주기에 비해 상대적으로 아주 짧은 시간 동안 섭취해 왔다. 유전자 조작 식품의 상업화가 시작된 것은 1990년대 후반이고, 미국인들이 본격적으로 유전자 조작 식품을 섭취한 것은 2000년대 초반부터다. 이 정도의 시간(10~12년)은 종양이 발생하는 것을 확인할 있을 만큼의 장기간의 효과가 나타나기에는 너무 짧은 기간이었을 것으로 추정된다. 그러나 우리는 미국에서 유전자 조작 식품의 표시제도 실시하지 않고 있으며, 인구 집단에서 부작용ill-effects이 나타나는지 모니터링도 하지 않고 있다는 것을 유념해야 한다. 그러므로 미국에서 유전자 조작 식품이 건강상 해로운 영향을 끼쳤다고 하더라도 검사를 통해 확인될 수 없었다고 봐야 한다.

이제는 유전자 조작 작물의 장기 독성에 대한 과학적 규명에 나서야 할 때

유럽연합 식품기준청EFSA은 2012년 10월 4일 '이중 기준'이라고 비판받을 만한 모순된 내용을 담은 세라리니팀의 연구 결과에 대한 리뷰 초안을 발표했다.[139] EFSA는 현재 발표된 논문만으로는 실험의 설계design, 연구의 보고 및 분석이 부적절하며, EFSA 당국에서 세라리니 박사 등 저자들을 초청하여 추가적인 정보를 공유해야 연구 결과를 완전히 이해할 수 있다고 밝혔다. 반면 EFSA는 저자들과 토론을 하기도 전에 이미 "EFSA는 세라리니 연구팀의 결과를 과학적으로 건전하다고 인정할 수 없다."라고 선언했다.

그러나 EFSA는 자체 독성 실험을 수행하지도 않은 채, 몬산토가 제출한 데이터만으로 이미 유전자 조작 옥수수 NK603이 안전하다는 결론을 내리고 그 결과를 대중에게 공표했다. 이 과정에서 EFSA는 세부 데이터를 공개하지 않았다. 그런데도 세라리니 교수에게 세부 데이터를 공개하라고 요구했다.

세라리니 교수는 "EFSA가 먼저 유전자 조작 옥수수 NK603이 안전하다는 결론에 이른 세부 연구 자료를 공개하라."고 반박하면서, "EFSA는 자신들의 결론에 대해 추가적인 정보를 공개하지 않으면서 칸대학교 연구팀에 실험 세부 자료를 공개하라고 주장하는 것은 불공정한 게임"이라며 비판했다.

결국 EFSA는 2012년 11월 28일 "받아들일 수 있는 과학적 기준"에 미치지 못한다고 지적하고, 보고서를 최종적으로 거부한다는 내용의 리뷰 보고서를 발표했다.[140] 유럽연합 내의 벨기에, 덴마크, 프랑스, 독일, 이탈리아, 네덜란드 정부의 식품기준청도 EFSA와 동일한 내용의 리뷰 보고서를 발표했다.

그러나 EFSA의 리뷰 보고서는 결정적 결함을 안고 있다. 세라리니 연구팀의 연구 진실성 규명을 위해서는 쥐의 전 생애인 2년이라는 장기간을 대상으로 한 유전자 조작 독성 실험을 통해 안전성을 검증하는 것이 가장 중요하다. 추가적인 연구를 수행하지도 않고 세라리니팀의 연구 결과가 과학적 허위라거나 건전한 과학이 아니라는 주장은 광고나 선동에 불과할 뿐이다.

과학의 역사에서는 뛰어난 학자가 항상 훌륭한 학자는 아니었다. 흡연과 폐암의 연관성에 관한 역학 연구로 전 세계적으로 명성이 높은 리처드 돌Richard Doll은 몬산토로부터 20년 이상 자문료를 받은 사실이 2006년에야 밝혀졌다. 그는 1980년대 중반 "몬산토의 에이전트 오렌지Agent Orange가 암을 일으킨다는 어떠한 증거도 없다."라는 내용의 서한을 호주 정부에 보냈으며, 다우 케미컬과 ICI로부터 1만 5,000파운드의 자문료를 받고 염화비닐과 암의 관계를 부정하는 평가서를 작성했다. 석유화학업계는 그가 작성한 평가서를 자신들의 제품을 방어하는 데 10년 이상 활용했으며, 호주 정부는 고엽제 피해자들에 대한 배상을 회피하는 근거 자료로 삼았다.[141]

유전자 조작 작물은 농약 사용량을 감소시킨다는 생명공학계, 각국 정부, 주류 과학자들의 주장과 정반대로 오히려 글리포세트(라운드업) 내성 잡초의 증가로 제초제의 사용량이 늘어나서 실제 농약 사용량은 지속적으로 늘어나고 있다. 이에 따라 몬산토 등 농약 회사들의 매출과 이윤도 증가하고 있다.

유기농센터The Organic Center의 수석 과학자인 찰스 벤브룩Charles

M. Benbrook 박사는 미국 농무부 자료를 분석하여 미국에서 1996~2011년 16년 동안 유전자 조작 곡물 재배와 살충제 사용량의 영향에 관한 연구 결과를 동료 평가 학술지인《유럽 환경과학Environmental Sciences Europe》최신호에 발표했다.[142] 그는 1999년부터 지속적으로 유전자 조작 곡물의 재배와 살충제 사용량에 대한 분석을 해 왔다.

그의 분석에 따르면, 미국에서 1996~2011년 16년 동안 유전자 조작 작물의 살충제 사용 영향은 제초제 내성 작물 재배로 인한 제초제 사용량이 2억 3,900만 킬로그램 증가하였으며, Bt [박테리아 유전자 조작] 작물은 살충제 사용량을 5,600만 킬로그램 감소시켰다. 따라서 농약 사용량은 1억 8,300만 킬로그램 늘어난 셈이다(증가율 7퍼센트). 이러한 증가율을 유전자 조작 옥수수와 콩에 사용하는 2,4-D의 사용량에 적용해 보면, 그 사용량이 50퍼센트나 증가했음을 알 수 있다.

농학자이자 경제학자로 프랑스 국립농학연구소INRA 연구소장을 역임했던 장-피에르 베를랑Jean-Pierre Berlan은 "석면의 사례에서도 1906년 프랑스 의사가 북프랑스의 석면 공장 노동자들의 암 발생을 기술하였으나, 석면을 금지하는 행동을 취하기까지 100년이 걸렸다."라며 세라리니 교수팀의 이번 연구에 대해 높이 평가했다.[143] 그는 "기업들은 1960년대 석면이 특정 유형의 암을 유발한다는 독성학적인 연구가 발표되었음에도 불구하고, 석면을 생산하는 것은 아무런 문제가 없다고 주장함으로써 또 다른 연구 결과가 나올 때까지 시간을 벌었다."라고 주장했다. 또한 "기업과 상인들은 항상 연구 결과에 어떤 흠집을 내려고 하며, 보다 많은 증거를 요구함으로써 시간을 끈다. 유전자 조작 작물에서도 마찬가지다. 그런 식으로 하면 어떤 과학적 증거를 제시하는 것도 불가능할 것이다."라고 밝혔다.

이러한 수법은 이미 1950년대 초국적 담배 회사들이 사용한 고전적인 수법에 불과하다. 1953년 담배업계는 이미 장기간의 지나친 흡연이 폐암의 발생과 관련이 있다는 점을 입증하는 임상적 데이터를 확보하고 있었다. 레이놀드RJ Reynolds 사의 1953년 문서에 따르면, 클로드 티그Claude Teague는 담배 소비의 증가와 암의 증가가 일치한다는 화학적, 인간 및 동물 연구 문헌에 대해 조사했다. 그들은 1930년대 이후 벤조피렌 같은 다환 방향족 화합물이 발암물질이라는 사실을 알고 있었다. 담배 판매가 증가함에 따라 호흡기 암이 비정상적으로 증가하고 있는 사실을 조사해 보니, 폐암 환자의 96퍼센트가 20년 이상 흡연을 한 것으로 밝혀졌다.[144]

그런데도 담배 회사들은 "담배가 유해하다는 증거가 전혀 없다."라고 주장하며 '논쟁'을 조작했다. 담배업계는 홍보 전문가, 변호사, 청부 과학자를 동원하여 폐암의 다른 원인을 찾아내고, 흡연자 중에서 병에 걸리지 않는 사례를 발굴하고, 진실이 무엇인지 따지지 않고 그럴듯한 사실들을 조합하여 초점을 흐리고, 역학 연구에서 사용한 방법들을 반박하고, 담배의 유해성을 밝혀낸 과학 연구들의 데이터가 조작되었거나 왜곡되었다고 주장했다.[145] 그 사이 과학적 진실을 규명되지 않았고, 정부의 규제는 지연되었으며, 담배 회사의 이윤은 눈덩이처럼 불어났다.

그렇다. 데이터 타령, 실험 설계 타령, 건전 과학 타령을 아무리 해 봐야 소용없다. 이제는 유전자 조작 작물 업계와 정부가 나서서 장기 독성 연구를 통해 유전자 조작 작물이 안전하다는 사실을 과학적으로 밝혀야 할 차례다. 전 세계 시민들은 묻는다. 몬산토는 독극물을 판매하는 '죽음의 상인'인가, 기아로부터 인류를 해방할 '구세주'인가?

— 《시민과학》 95호, 2012년 11·12월

기후 변화와 식량 위기

기후 변화와 농업 생산

지구 온난화가 진행되고 있다는 주장은 이제 더 이상 과학적 논란의 여지가 없는 객관적 사실이다. UN의 기후 변화에 관한 정부간 패널IPPC은 2007년 11월 17일 채택한 보고서에서 "1906~2005년 지구 평균 기온은 0.74(0.56~0.92)℃ 상승했다."라고 밝혔다.[146] 기후 변화는 북반부로 갈수록 더 크게 나타나며, 육지가 해양보다 더 빠르게 온난화되고 있다. 이에 따라 추운 지역에서는 농업 생산량이 증가하고 있으며, 따뜻한 지역에서는 생산량이 감소하고 있다. 또한, 해충, 동식물 질병, 산불 위험, 토양 침식이 증가하고 있다.

식량 생산은 재배종, 토양 특성, 해충과 병원균, 이산화탄소의 효과, 기온, 수분, 영양염, 대기질 사이의 상호작용 등 기후 변화와 밀접한 관련이 있다. 농작물 모델링 연구 결과에 따르면, 지구 전체적으로 농업 생산은 지구 평균 표면 온도가 2~3℃ 변하는 작은 규모의 기후 변화의 경우에는 기존의 생산이 지속되는 것으로 나타났다.[147]

또한, 유엔 기후 변화 협약UNFCCC은 지구의 온도가 2.5℃ 이하로 상승할 경우 식량 생산에 중요한 영향을 끼치지 못하지만, 2.5℃ 이상 상승할 경우 지구 차원의 식량 공급이 줄어들어 가격 상승을 초래할 것으로 예측했다.[148]

기후 변화에 따른 영향은 위도에 따라 생산 유형의 변화가 있으며, 세계 최고의 빈곤층이 사는 열대와 아열대의 일부 지역에서 기근의 위험이 증대할 수 있다. 뿐만 아니라, 기후 변화의 추세가 장기적으로는 2.5~3℃ 이상 변하는 큰 규모로 갈 가능성이 높기 때문에 미래의 농업 생산을 낙관할 수 없다. 게다가 2.5~3℃ 이하의 온도 상승이 곡물의 생산량을 증가시킨다고 하더라도, 곡물의 품질을 떨어뜨린다는 사실을 고려해야 한다.

새로운 논쟁
: 바이오 연료가 더 많은 온실가스를 방출하나?

바이오 연료 곡물을 더 많이 생산하여 사용하면 온실가스 방출을 감축시키는 것이 아니라 오히려 증가시킬 수 있다는 논쟁적인 연구 결과가 잇따라 발표되고 있다.

파울 크뤼천Paul Crutzen 박사팀은 《대기화학 및 물리학 논고》에 발표한 논문에서, 평지씨rapeseed, 밀, 보리, 귀리, 옥수수 등의 바이오 연료 작물들이 방출하는 아산화질소N_2O로 인해 지구 온난화를 더욱 촉진시킨다는 사실을 계산을 통해 밝혀냈다.[149] 파울 크뤼천은 산화질소류가 오존의 분해를 촉진시키는 촉매제 역할을 한다는 사실을 밝힌 공로로 1995년도 노벨화학상을 수상한 바 있다.

티모시 서칭거Timothy Searchinger 박사도 바이오 연료 작물을 키우기 위해 숲과 밭을 일구는 것이 가솔린이 방출하는 탄소보다 더 많은 막대한 양의 탄소를 대기 중으로 배출한다는 분석 결과를 《사이언스》에 발표했다.[150] 이 논문에서는 미국에서 에탄올 생산을 위해 옥수수를 경작하는 밭에서 탄소의 순배출량을 줄이기 위해서는 167년을 기다려야 한다고 밝혔다. 또한, 인도네시아 열대우림을 갈아엎고 바이오 연료 플랜테이션 농장을 만든다면 탄소 순배출량 감소까지 423년이 소요되며, 브라질의 우림을 없애고 바이오 연료를 위한 콩밭을 만드는 경우에는 319년이 소요되는 것으로 밝혀졌다.

한편, 크뤼천 박사나 서칭거 박사의 연구가 지나친 단순화의 오류를 범하고 있다는 반론도 있다. 아산화질소는 이산화탄소 CO_2와 메탄 CH_4에 이어 세 번째로 지구 온난화에 영향을 주는 온실가스다. 아산화질소는 이산화탄소보다 대기 잔류 능력이 높아, 100년 이상의 장기적인 효과는 이산화탄소의 300여 배나 된다. 하지만 이산화탄소는 전체 온실 효과 중 9~26퍼센트, 메탄은 4~9퍼센트를 야기하며 전체 온실 가스 중 이산화질소의 역할은 낮다는 것이다.

농업 분야에서 발생하는 가스 중 메탄가스는 농경지와 축산 농장에서 발생하고, 아산화질소는 질소 비료와 축산 분뇨에서 발생하고 있다. 따라서 질소 비료의 사용량을 줄일 경우, 아산화질소의 배출량이 줄어들 가능성도 있다.

그럼에도 불구하고 새로운 논쟁과 관련하여 주목해야 할 것은, 현재 바이오 연료 사업으로 가장 많은 경제적 이윤을 획득하고 있는 집단이 바로 초국적 농식품 복합체Transnational Agri-food Complex* 라는 사실이다.

* 초국적 농식품 복합체는, 초국적 자본이 생산부터 소비까지 곡물, 가축, 가공식품의 세 가지 영역을 집약하는 복합 기업conglomerate의 형태를 가리킨다. 초국적 농식품 복합체는 농식품 체제에 대한 집중과 다국적화multinationalization를 특징으로 하는 국제 상품 복합체 international commodity complex라고 할 수 있다. 대표적인 초국적 농식품 복합체로 카길, 콘아그라, ADMArcher Daniels Midland, 콘티넨탈Continental, 루이 드레퓌스Louis Drefuss, 벙기 앤 본Bunge & Borne 등이 있다.

몬산토와 아처 대니얼스 미들랜드ADM, 농기계 제조업체 디어, 듀폰 등은 '풍부한 식량과 에너지를 위한 연대AAFE: Alliance for Abundant Food and Energy'라는 바이오 에너지 로비 단체를 결성하여 곡물을 이용한 연료 사용을 확대해야 한다고 주장하고 있다. 이들은 자신들이 특허를 가지고 있는 유전자 조작 종자로 바이오 연료 곡물을 생산하고 있다.

2006년 전 세계 특허 종자 시장의 규모는 무려 196억 달러(19조 6,000억 원)에 달했으며, 전체 종자 시장의 85.6퍼센트가 특허 종자였다. 뿐만 아니라, 상위 10대 종자 기업은 특허 종자 시장의 64퍼센트를 점유했다.[151] 초국적 농식품 복합체는 특허 종자를 매개로 농약, 살충제, 제초제를 패키지로 판매하는 전략을 구사하고 있다.

2006년 현재 전 세계 종자 시장의 규모는 229억 달러(22조 9,000억 원)에 달하며, 상위 10대 종자 기업이 125억 5,900만 달러(12조 5,590억 원)로 55퍼센트의 시장을 점유하고 있다. 이들 상위 10대 종자 기업의 시장 점유율은 1996년에는 26퍼센트에 불과했으나, 2004년에 49퍼센트에 이르렀으며, 2006년에는 전체 시장의 55퍼센트를 차지하게 되었다.

세계 1위 종자 기업인 몬산토는 2006년 40억 2,800만 달러어치의 종자를 판매했으며, 세계 2위 종자 기업인 듀폰은 2006년 27억 8,100만 달러어치의 종자를 판매했다. 세계 3위 종자 기업인 신젠타는 2006년 17억 4,300만 달러어치의 종자를 판매했다.

몬산토, 듀폰, 신젠타 등 상위 3대 기업은 85억 5,200만 달러(8조 5,520억 원) 어치의 씨앗을 판매하여 전체 종자 시장의 44퍼센트를 점유했다.

따라서 바이오 연료 곡물 산업의 규모가 커지면 커질수록 유전자 조작 곡물을 생산하는 초국적 농식품 복합체의 이윤이 폭발적으로 증가하게 될 것이다.

기후 변화보다 먼저 식량 위기가 현실화될 가능성 높아

기후 변화에 의한 식량 생산 감소보다 앞서 정치경제학적인 문제로 인해 식량 위기가 현실화될 가능성이 높아지고 있다. 세계식량계획WFP에 따르면, 세계 62억 인구 중 거의 8억 5,400만 명가량이 일상적으로 굶주림의 고통을 당하고 있으며, 5세 이하의 어린이 3만 4,000명이 매일 죽음으로 내몰리고 있다. 1년에 1,200만 명의 사람이 굶주림으로 사망하고 있다.[152]

따라서 기후 변화를 완화시키기 위한 대책의 하나인 바이오 에너지 정책이 오히려 식량 위기를 악화시키는 역설이 현실에서 나타나고 있다.

인류는 전 세계적으로 1년에 약 20억 톤의 곡물을 생산하고 있다. 그러나 곡물 생산량 중에서 교역에 사용되는 물량은 생산량의 13퍼센트인 2.5억 톤에 불과하다. 게다가 옥수수(35.1퍼센트), 밀(30퍼센트), 쌀(20.5퍼센트) 등 3대 곡물이 전체 곡물 생산량의 86퍼센트를 차지하고 있으며, 전체 곡물 교역량의 90퍼센트(옥수수 33.9퍼센트, 밀 44.3퍼센트, 쌀 11.7퍼센트)를 점유하고 있다.[153]

세계 주요 곡물 생산량과 소비량 (2005~2008년)[154]

단위 : 100만 톤(t)

연도	밀		옥수수		쌀		콩	
	생산량	소비량	생산량	소비량	생산량	소비량	생산량	소비량
2005/6년	621.3	624.37	696.86	703.89	418.06	416.02	220.54	215.25
2006/7년	592.96	615.80	705.34	722.26	420.56	420.92	237.25	224.90
2007/8년	606.69	619.06	772.17	777.39	425.29	424.31	219.99	233.83

최근 옥수수, 밀, 콩 등의 곡물이 바이오 에너지 원료로 사용되는 양이 늘어남에 따라 곡물 가격이 급등하는 추세이다. 옥수수와 소맥(밀)은 바이오에탄올 원료로 많이 사용되고 있으며, 대두(콩)는 바이오디젤 원료로 많이 사용되고 있다. 2006년 550만 톤의 옥수수가 바이오 에너지 원료로 사용되었다. 미국의 경우, 2007/08년 바이오 에탄올 생산을 위한 옥수수 사용 비중은 26.8퍼센트로 급격히 증가하였다.[155]

식량의 관점에서 인간의 식량, 동물의 사료, 바이오 연료는 옥수수를 놓고 서로 생존을 위한 치열한 경쟁을 벌이는 처지라고 볼 수 있다. 다시 말해 인간의 식량을 가축과 자동차가 먹어치우고 있기 때문에 인간이 굶주림에 시달리고 있는 것이다. 그렇기 때문에 기후 변화보다 먼저 식량 위기를 겪게 될 것이라는 주장은 현실적이며 설득력을 가지고 있다고 생각한다.

영국 정부의 과학 선임고문을 맡고 있는 존 베딩턴John Beddington 교수는 "국제 사회의 기후 변화 대응은 진일보했지만 또 다른 문제가 도사리고 있다. 재생 에너지를 생산하기 위해 급증하는 곡물 수요를 충족시키는 것과 동시에, 빈곤을 완화시킬 수 있을 만큼 충분한 식량에 대한 폭발적으로 급증하는 요구를 서로 조화를 이루는 것은 거의 불가능하다."[156]라고 지적했다.

기후 변화와 식량 위기 대응 방안
: 무엇을 할 것인가?

기후 변화에 대처하기 위한 대응 방안은 주로 국제기구에서 국가 단위의 협약을 통해 진행되고 있다. 현재 논의되고 있는 대응 방안은 크게 두 가지로 나눌 수 있다. 첫째는 완화mitigation다. 이는 지구 온난화의 원인인 온실가스 배출을 줄이자는 개념으로, 교토의정서 실행으로 귀결된다. 둘째는 적응adaptation이다. 이는 온실가스 배출을 줄인다고 하더라도 현 상황에서 기후 변화는 피할 수 없는 현실이기 때문에 그 변화의 양상을 미리 예측하고 효율적으로 대처하자는 개념이다.[157]

OECD 농업위원회 전문 패널인 프란츠 휘츨러 전 유럽연합 농업 담당 집행위원, 펜 전 미국 농무부 차관, 아즈마 전 일본 농림 수산성 차관 등 3인은 공동으로 "농업은 지구 온난화에 직접 노출되어 있어 농업 방식과 동식물 질병 전파 면에서 중요한 영향을 끼칠 것"이라며 "기후 변화 예측 가능성이 낮아지는 반면 농식품 시장의 안정성은 떨어지게 될 것이며, 온실가스에 대한 농업의 양 측면(온실가스 배출 측면과 이를 치유하는 측면)을 고려한 정책이 필요하다."라는 내용을 OECD 농업위원회에 건의했다. 이들은 건의서에서 "기후 변화가 농업과 식품 생산에 끼칠 영향, 농업과 기후 변화(영향 측정법, 절감법, 사회-환경적 효과), 기후 변화 시대에 따른 농업의 기회(저소모 경작, 휴경, 메탄 저장, 탄소 배출 시장 측면)의 연구가 필요하다."라고 밝혔다.[158] 그런데 OECD 같은 국제기구들은 국가나 자본의 이해를 대변하여 기후 변화나 식량 위기 문제에 접근하고 있기 때문에 전 세계 시민의 건강하고 평온한 삶을 고민하지 못하는 한계가 있다. 이러한 한계를 극복하기 위해서는 국가 단위와 민족 단위를 초월한 전 세계 시민이 기후 변화와 식량 위기에 대한 대응 방안을 모색해야 한다.

그러나 정부처럼 예산, 인력 등의 대규모 자원을 동원할 수 없는 시민 사회 진영이 영향력 있는 기후 변화 대처 방안을 마련하기란 쉽지 않은 상황이다. 왜냐하면 기후 변화와 식량 위기의 대처 방안은 인간과 환경에 대한 철학의 문제뿐만 아니라 권력의 문제와 밀접한 관련이 있기 때문이다. 그럼에도 불구하고 현실적인 한계 속에서 시민 사회 진영은 탄소 배출권 거래, 저탄소 녹색 성장과 국가나 자본이 주도하는 이윤 추구 방식의 기후 변화 대처가 아니라 지구가 지속가능한 방식의 기후 변화와 식량 위기에 대처할 방안을 고민하고 모색해야 한다.

그 방안으로 첫째, 개발과 발전을 통한 진보라는 현재의 삶의 방식에 대한 진지한 성찰이 필요하다. 금융 위기로 대표되는 신자유주의 경제 체제가 존폐의 위기에 직면해 있듯이, 환경을 약탈하는 방식의 자본주의(구소련 등의 사회주의 포함)가 친환경적이고 생태적인 삶의 방식과 공존할 수 있을지 의문이다.

둘째, 환경, 농업, 식품의 공공성을 강화해야 한다. 기후 변화, 식량 안보food security, 식량 주권food sovereignty, 식품 안전 문제는 생태, 환경, 소비자, 농민, 농업, 지역 사회, 보건의료, 건강, 과학, 식량 위기, 기아 및 빈곤의 문제와 총체적으로 결부되어 있다. 국가나 자본의 이윤을 위해 환경을 일방적으로 파괴하지 못하도록 견제할 제도적 장치를 마련해야 한다. 또한, 식량이 고루 분배될 수 있도록 사회 공공성을 강화하는 것은 식량 안보, 식량 주권, 식품 안전에 필수적이라고 할 수 있다. 환경, 생명, 건강, 그리고 식품 안전은 이윤 추구의 대상이 될 수 없으며, 자유 무역의 대상이 될 수 없음을 분명히 해야 한다.

셋째, 관행농이나 공장형 농업에서 탈피하여 환경친화적인 유기농업을 확대해야 한다. 규모와 효율성에 기초하여 초국적 농식품 복합체가 주도하는 세계 식량 체계는 생산자와 소비자가 수천 킬로미터 이상 떨어지게 되어 식량의 수송 거리food mile가 늘어난다. 식량의 수송 거리가 늘어나면 이산화탄소 발생량을 증가시켜 지구 온난화를 촉진할 뿐만 아니라, 장거리 수송 중 식량의 부패와 변질을 막기 위한 농약과 방부제의 사용이 증가하여 식품 안전을 위협한다. 또한, 세계 식량 체계는 농업의 생산성을 높이기 위해 다량의 비료, 항생제, 농약을 투입하는 공장식 농축산업을 발달시켜 생태계를 교란시키고 환경을 파괴한다.

뿐만 아니라, 초국적 농식품 복합체가 주도하는 세계 식량 체계는 소수 기업이 농업 생산을 독점함으로써 농민이 농촌을 떠나게 만들고 있다. 소규모 가족형 자영농들이 영농을 지속할 수 있는 생산 체계의 구축이 되어야만 우리 농업이 살아날 수 있다. 자영농의 생산자와 소비자를 조직적으로 연결하여 먹을거리의 지역 생산, 지역 소비가 이루어지도록 지역 식량 체계local food system를 제도화할 필요가 있다.[159]

넷째, 위기 변화에 앞서 현실화될 식량 위기에 대처할 방안으로 국가 단위나 지역 단위의 식량 자급률을 높이는 것을 고민해야 한다. 동시에 기후 변화로 인해 식량 부족의 고통을 당하고 있는 국가나 지역에 대한 식량 공급 또는 식량 분배 방안도 모색해야 한다. 장기적으로 기후 변화로 인해 식량이 충분하지 않은 데다, 농산물 무역이 소수 국가와 소수 기업에 편중되어 있기 때문에 전 세계적인 식량 위기에 적극적으로 대비해야 한다.

— 《월간 환경》, 2009년 1월

담배 회사 내부 문건 속 한국인 과학자 분석

서론

초국적 담배 기업들은 "담배업계를 위해 활동할 가능성이 있는 전문가를 확보하고, 담배업계의 경제적 이해관계가 달린 중요한 이슈에 대한 지원군을 마련하고, 담배업계의 이해관계를 침해하는 과학자들이 고립되도록 압력을 행사하며, 폭발적인 이슈의 뇌관을 제거하듯이 과학계의 균형 잡힌 관점을 확립하는 데 적합한

논문을 출판하도록 지원"하기 위해서 과학자들의 연구를 후원해 왔다.[160]

1981년 일본 국립암연구소의 히라야마 다케시 박사가 간접흡연의 위험에 관한 역학적 연구 결과를 발표하자,[161] 초국적 담배 기업들은 과학자들을 고용하여 간접흡연의 위험에 관한 여론에 영향력을 행사하기 위해 다양한 전략을 구사했다.[162]

그들은 생물통계학자 네이선 만텔Nathan Mantel, 야노 에이지, 가가와 준, 피터 리Peter N. Lee 등과 계약하여 히라야마의 연구 결과를 흠집 내기 위해 대규모 비밀 프로젝트를 진행했으며,[163] 또 다른 전략으로 간접흡연의 위험에 대한 과학적 진실을 은폐하고, 정부의 흡연 규제를 회피하려는 목적으로 필립 모리스가 주도하여 'Industry ETS Consultants Program'을 진행했다.[162,164,165,166] ETS는 Environmental Tobacco Smoke의 약자인데, 담배업계에서 'passive smoking, 비자발적 흡연, 간접흡연'을 대신하는 용어로 만들어 낸 것이다.[167] 이 프로그램은 담배업계와 컨설턴트 업무를 수행하는 외부 과학자 사이에 직접적 관련이 없는 것처럼 보이기 위해 Convington & Burling(C&B)이라는 법률 회사를 통해 수행되었다.[168]

ETS Consultants Program은 필립 모리스의 주도 아래 1987년 미국에서 시작하여 1988년 유럽, 1989년 아시아, 1991년 라틴 아메리카 순으로 진행되었다.[162] 그동안 학계에서는 담배 회사 내부 문건 분석을 통해 유럽 및 아시아,[166] 아시아,[162] 라틴 아메리카[166] 등 지역별 연구 결과를 발표한 바 있으며, 한국, 중국, 일본, 홍콩, 태국, 말레이시아, 싱가포르 등 자국에서 독점적 지위를 누리고 있는 담배 회사 연구소들의 연대체인 Asian Regional Tobacco Industry Science Team(ARTIST)을 결성한 사실도 규명되었다.[169]

본 연구에서는 담배 회사 내부 문서 분석을 통해 한국인 과학자의 구체적인 활동을 분석하려고 한다. 이 분석을 통해, 초국적 담배 기업이 금연 운동에 대응하기 위한 국제 학회를 어떻게 후원·조직하였고 C&B를 통해 자신들을 위해 일할 국내 과학자들을 어떻게 선발했으며 국내 과학자들의 컨설턴트 활동과 연구 용역은 어떻게 수행되었는지, 아울러 담배 회사 프로젝트에 참여한 과학자들과 그들의 보수수준은 어떠했는지 등에 대해 살펴보려고 한다.

연구 방법

본 연구는 미국 캘리포니아대학교 샌프란시스코 캠퍼스가 운영하고 있는 Legacy Tobacco Documents Library(LTDL, http://legacy.library.ucsf.edu)에서 담배 회사가 생산한 문서를 수집하여 분석하는 연구 방법을 사용하였다. 2012년 11월부터 2013년 9월까지 LTDL 인터넷 사이트에서 검색어 "ETS and Korea and Consultant"를 사용해 2,044건의 문서를 찾아냈다. 이 문서들을 검토하여 한국인 과학자 이름을 추출하였으며, 이를 LTDL 검색어에 넣고 Yoon Shin Kim[김윤신] 349건, Jung Koo Roh[노정구] 70건, Sung-ok Back[백성옥] 86건, Eung Bai Shin[신응배] 25건, Chul Whan Cha[차철환] 63건을 재수집하였다. 그중 본 연구에서는 33건의 문서가 인용되었다.

영문으로 된 한국인 과학자 인명을 한글로 특정하기 위해 서울대중앙도서관·국립중앙도서관·국회도서관 등의 검색을 통해 담배 기업 내부 문건에서 확인된 한국인 과학자들의 인명과 소속을 재확인했다. 수집된 담배 회사 내부 문건과 관련한 주변 상황을 확인하기 위해 PubMed와 Google 검색을 통해 참고가 될 만한 내용을 수집하여 분석하였다.

결과

1. 담배업계 후원 1987년 실내 공기의 질에 관한 도쿄 국제회의

필립 모리스의 내부 문건에서 "우리는 미국의 아시아 담배 수출이 물량의 70퍼센트, 이윤의 97퍼센트를 차지하고 있다는 사실을 유념해야만 한다."[170]라고 고백할 정도로 아시아 지역은 담배 회사에게 매우 중요했다.

필립 모리스와 Japan Tobacco(JT)는 1987년 11월 9~12일 도쿄에서 예정된 제7차 '담배와 건강 국제회의'에 대응하기 위해, 이

보다 5일 앞서 11월 4~6일 도쿄에서 열린 '실내 공기의 질에 관한 국제회의'를 후원·개최하였다.[171] 담배업계는 이러한 국제회의를 통해 실내 공기의 오염은 간접흡연 때문이 아니라 일산화탄소, 라돈 등의 물질 때문이며, 환기 시스템이 잘못 설계된 것이 가장 중요한 원인이라는 주장을 널리 퍼뜨림으로써 과학계와 규제 당국의 관심을 다른 곳으로 돌리려는 의도를 가지고 있었다. 담배업계는 이러한 의도를 실현하는 방법으로 국제회의나 학술잡지를 후원하곤 한다.[172]

1987년 실내 공기 질 도쿄 국제회의 발표 한국인 과학자[173, 174]

제목	저자	소속	내용
서울의 주택 내 실내 공기 오염노출	김윤신	한양대학교 의대	1987년 3~9월 서울의 주택 내 실내 공기 중 이산화질소, 포름알데히드, 라돈의 농도를 측정한 예비 연구
한국 실내 공기 오염의 특징	차철환 조수헌	고려대학교 의대 서울대학교 의대	실내 난방 관행에 따른 일산화탄소 중독이 한국 실내 공기 오염의 가장 중요한 특징이라는 공동 연구 결과를 차철환이 발표
실내 공기 질 : ETS의 기여	Perry, Lester, Hunter, Kirk, 백성옥	런던대학교 임페리얼 칼리지	영국에서 30주 동안 실험 결과 실내 공기 질에서 담배의 주요 성분이 끼치는 영향이 미미하다는 공동 연구 결과를 Perry가 제1세션에서 발표

담배업계는 에른스트 윈더Ernst L. Wynder, 피터 리, 야노 에이지, 히토시 가스가 등 컨설턴트 과학자들을 실내 공기의 질에 관한 도쿄 국제회의에 대거 동원했다. 도쿄 국제회의 자료집엔 김윤신, 차철환, 조수헌이 제출한 발표 요약문이 수록되어 있다.[173] 백성옥은

이 자료집에 공동 저자로 등재되어 있지 않지만, 그가 1997년 담배업계에 제출한 프로젝트 제안서의 이력서에 페리Perry, 레스터Lester, 헌터Hunter, 커크Kirk와 공동으로 1987년 도쿄 국제회의 발표문을 작성했다고 스스로 밝힌 바 있다.[174]

2. 아시아 ETS 프로젝트 한국인 컨설턴트 모집

담배업계는 예전에 담배 회사와 어떠한 관련도 없으며, 흡연과 건강에 대한 논쟁에 관련된 기록이 없는 현지 과학자들 중에서 컨설턴트를 선발했다. 담배 회사 담당 직원이나 자문 변호사가 후보 과학자를 만나, 담배에 대해서는 일절 언급하지 않은 채 실내 공기 오염 문제에 대해서만 질문한 후, 이력서를 제출받아 금연 운동가나 부적절한 배경을 가진 사람을 걸러 낸다. 이런 과정을 거쳐 선발된 컨설턴트는 담배업계가 정해 준 범위 내에서만 연구를 수행한다. 자문 변호사들은 컨설턴트의 연구 결과 중 민감한 부분을 걸러 낸다.[175]

아시아 ETS 컨설턴트 모집 후보 한국인 과학자[177,178,180]

이름	소속	제안내용	결과
노정구	한국화학연구소	Asia ETS 컨설턴트	담배업계 컨설턴트 수락
조규상	카톨릭대학교 의대	리스본 회의 기술위원	담배업계를 달가워하지 않아 컨설턴트 제안조차 못함
김윤신	한양대학교 의대	Asia ETS 컨설턴트	담배업계 컨설턴트 수락
백성옥	영남대학교 환경공학과	Asia ETS 컨설턴트	담배업계 컨설턴트 수락

담배업계의 자금으로 설립된 실내 공기 연구소[176]의 고르주 레슬리Gorge Lesile와 필립 모리스의 법률 자문 회사 C&B의 데이비드 빌링스David M. Billings는 1989년 컨설턴트를 모집하기 위해 한국으로 출장을 왔다. 레슬리는 한국화학연구소에서 함께 일한 바 있는 안전성연구센터장 노정구를 먼저 만났다. 노정구는 그들과 함께 일하는 것에 개인적인 관심을 표명했을 뿐만 아니라 기꺼이 그들에게 다른 한국인 과학자를 소개해 주겠다고 밝혔다.[177]

레슬리는 두 번째로 가톨릭의대 학장 조규상을 만났다. 조규상은 당시 Asian Association of Occupational Health(AAOH) 부회장을 맡고 있었는데, AAOH 회장이자 담배업계의 컨설턴트인 태국의 말리니 웡파니크Malinee Wongphanich가 그를 소개했다. 조규상은 담배업계의 후원으로 열리는 리스본 회의의 기술위원을 맡아 달라는 레슬리의 제안에 기꺼워하지 않았다. 심지어는 점심값조차도 직접 지불하겠다고 할 정도였다. 레슬리는 그를 ETS 컨설턴트 후보에서 제외시킨다고 보고했다.[177]

얼마 후 레슬리는 노정구로부터 실내 공기 오염 전문가 김윤신을 소개받았다. 레슬리는 "김윤신이 이미 우리가 후원하려고 하는 일련의 연구들을 수행하고 있어서 우리에겐 얼마나 큰 행운인지 모른다."라고 보고했다. 김윤신은 1명의 대만인, 3명의 일본인 과학자를 컨설턴트 후보로 소개했다.[178]

1990년 2월 C&B의 존 럽John P. Rupp과 데이비드 빌링스가 작성한 비밀 보고서에 따르면, 한국에서 김윤신과 노정구의 활동을 보

ASIAN ETS CONSULTANTS

Consultant	Country	Speciality
Dr. Linda Koo	Hong Kong	Epidemiologist
Dr. John Bacon-Shone	Hong Kong	Bio-statistician
Dr. Sarah Liao	Hong Kong	Occupational hygienist
Dr. Benito Reverente	Philippines	Occupational health/pulmonary medicine
Dr. Lina Somera	Philippines	Occupational health/biostatistics
Dr. Camilo Roa	Philippines	Chest physician
Dr. Ben Ferer	Philippines	Architect/ventilation
Dr. R.Ramphal	Malaysia	Community health/occupational standards
Dr. Yoon Shin Kim	Korea	Environmental chemist
Dr. Jung Koo Roh	Korea	Toxicologist
Dr. Malinee Wongphanich	Thailand	President of Asian Association for Occupational Health
Professor Fengsheng He	China	Toxicologist
Dr. C.N. Ong	Singapore	Occupational Hygienist

〈Asia ETS Consultant List〉(출처: Legacy Tobacco Documents Library. http://legacy.library.ucsf.edu/tid/xlf80a99/pdf.)에 나온 Yoon Shin Kim and Jung Koo Rho.

충할 컨설턴트 1명을 추가로 모집할 계획을 세웠다.[179] 그들은 백성옥을 추가 컨설턴트로 모집했다. C&B의 럽은 1994년 1월 3일자로 한국담배협회장 김규태에게 팩스로 보낸 서한에서 "김윤신 교수와 백성옥 교수는 한국에서 우리를 컨설팅하고 있는데, 한국의 실내 공기 질 모니터링 연구에도 참여할 예정이다."라고 알려주었다.[180]

3. ETS 컨설턴트 활동 및 담배업계 용역 수행 실태

1) 노정구, 김윤신

컨설턴트 모집 및 관리를 담당했던 레슬리와 빌링스는 ETS 이슈와 관련해 노정구가 교육을 더 받아야 한다고 평가했다. 그들은 노정구와 김윤신이 한국에서 서로 다른 역할을 맡을 것이라고 보고했다. 노정구는 담배업계에게 한국 과학계로 접근할 수 있는 창구이며, 그가 몇 주 전에 한국 대통령과 점심식사를 함께 했다고 얘기한 것으로 보아 아마도 정치계로 접근할 수 있는 창구도 될 수 있을 것 같다는 기대를 표시했다.[178]

1989년 6월 21~23일 태국에서 제1회 아시아 ETS 컨설턴트 방콕회의가 개최되었다. 노정구는 이 회의에 참석하지 못했으며, 김윤신만 참석하였다.[181] 김윤신은 1989년 11월 3~4일 캐나다의 맥길대학교에서 개최된 ETS 국제회의에도 참석하였다.[182] 담배업계는 이 회의를 후원했으며, 세계 20개국 이상에서 80명의 담배업계 컨설턴트 과학자들을 참석시켰다.

김윤신은 1990년 1월 19~20일 홍콩에서 개최된 아시아 ETS 컨설턴트 회의에서 맥길대학교 자료집의 목차를 자신이 재구성하여 대학원생들에게 번역을 시켜 한국의 과학 학술지에 연재 형식으로 게재하겠다고 제안하였다.[183] 담배업계는 1990년 예산에서 맥길대학교 자료집의 한국어 번역 명목으로 9,000달러를 책정했다.[184] 김윤신은 한국 정부의 공무원들과 실내 공기 질 이슈에 관심이 있는 사람들에게 맥길대학교 자료집 사본을 전달할 것도 동의했다.[183]

담배업계는 자신들의 용역에 의해 실시된 김윤신의 '한국의 실내 공기 질' 연구 결과를 다시 '제3자 기술Third party technique'[185]로 활용했다. 이것은 "누군가 다른 사람의 입을 빌려서 당신이 하고 싶은 말을 하라."[186]는 홍보업계의 전략으로, 객관적이고 과학적인 견해를 가진 제3자의 견해로 포장하는 기술이다. 김윤신은 "최근 홍콩에서 수행된 연구에서 사무실과 상점의 실내 공기 가운데 ETS 성분은 미미한 수준이었으며, 실질적으로 실내 공기 문제는 자동차 배기가스, 세정제, 기타 물질 및 활동 때문이었다."라고 기술했다.[187]

British American Tobacco(BAT)의 직원 샤론 보이스Sharon Boyse가 1991년 작성한 극비 문서에서 "담배업계는 ETS 관련 신뢰성을 충분히 획득하지 못했다. 독립적인 과학자가 담배업계의 입장을 지지해 주면 대중, 언론, 정치계, 여론 주도층에게 신뢰성이 제고될 것"[168]이라고 고백하고 있다. 이러한 이유 때문에 C&B의 럽은 1991년 7월 24일자로 한국담배협회에 보낸 편지에서 "우리 회사(C&B)는 우리를 지원해 주는 기업(담배업계)의 승낙 없이는 어떠한 방식으로도 그들(김윤신, 백성옥)을 공개하지 않을 것"[180]이라며 컨설턴트들이 독립적 과학자라는 제3자적 지위를 잃지 않도록 비밀을 지킬 것을 강조했다.

2) 백성옥

백성옥은 런던대학교 임페리얼 칼리지의 로저 페리Roger Perry 교수 밑에서 1985년에 석사학위, 1988년에 박사학위를 받았다.[188] 백성옥은 1993년 10월 '한국의 실내 공기 질 모니터링 제안서'를 담배업계에 제출했다.[189]

백성옥은 한국 정부의 프로젝트와 담배업계의 컨설턴트 업무

19:24.SEP.1997 19:42 WOO OF PM SCIENTIFIC AFFAIRS HONG KONG NO.421 P.2/2 01

Facsimile Transmission Form

To	Fax: 852-2826-3817 Tel: 852-2825-1475 Dr. Roger Walk, Philip Morris Asia Inc. Hong Kong
From	Dr. Sung-Ok Baek (白 成 玉) Dept. of Environmental Eng., Yeungnam University, Kyungsan 712-749, Korea Fax:82-53-815-1616/Tel: 82-53-810-2544/E-mail: sobaek@ynucc.yeungnam.ac.kr
Date	September 18, 1997
Page(s)	A Total of 2 pages (including this page)

Dear Roger:

Thank you very much for your Fax regarding the Travel fund for Kuala Lumpur conference. I also express many thanks for the donation of US$50,000 which was installed in the University account. Please find an attached list for our group's publications during the period of 1996-1997. There are a number of papers forthcoming, which I will let you know when they are published. I will try to go to Seoul when you come to Seoul. Looking forward to seeing you then.

Best wishes

Sung-Ok

백성옥이 Roger Walk(필립 모리스 아시아)에게 보낸 편지. 백성옥은 5만 달러의 travel fund와 기부에 고마움을 표했다. (출처: Legacy Tobacco Documents Library. http://legacy.library.ucsf.edu/tid/zvc45c00/pdf.)

를 동시에 수행하고 있었기에 담배업계에서는 그의 가치를 아주 높게 평가했다. 1995년 필립 모리스의 워크R. A. Walk는 "실내 공기질 이슈에 관여하는 한국 정부 당국과 한국담배인삼공사가 기술적인 자문을 구하기 위해 수시로 그(백성옥)에게 연락한다. 그는 서울과 대구에서 실시하고 있는 정부의 주변 공기 모니터링 시스템을 맡고 있는 연구팀의 일원이기 때문에 매일 1차 데이터가 저장되는 데이터 테이프에 곧바로 접근할 수 있다."라고 평가한 관찰 보고서를 보냈다.[190]

필립 모리스의 후원으로 수행된 백성옥의 연구는 '제3자 기술'로 담배업계에서 유용하게 활용되었다. 필립 모리스 소속 과학자인 장 밍다Mingda Zhang는 백성옥의 논문[191]을 근거로 간접흡연이 실내 공기 오염의 주된 요인이 아니라고 주장했다.[192]

3) 차철환, 신응배

BAT에서 수집된 〈지역별 권고 및 재정 지출 요구〉 문건에 따르면, 담배업계는 당시 고려대학교 교수인 차철환과 한양대학교 교수인 신응배의 환경 보건 우선과제 연구에 6만 달러의 예산을 배정했으며, 대한산업의학회지에 별도로 5,000달러를 지원했다.[193]

아시아 지역 ETS 용역을 수행한 한국 과학자[193]

이름	소속	연구주제	예산
차철환	고려대학교 환경의학연구소	Environmental Health Priority study	6만 달러
신응배	한양대학교 도시공학과		

담배업계는 '아시아·태평양 담배와 건강 협회' 주최 금연 행사APACT가 1991년 8월 28~30일 서울에서 개최될 예정이라는 소식을 듣고 대응책을 준비했다. 이 행사에는 일본의 히라야마도 초청연사로 참석할 예정이었기 때문에 간접흡연 문제가 이슈가 될 가능성이 높았다. BAT의 샤론 보이스는 "그 기간 동안 크리스 프록터Chris Proctor가 서울에 체류하면서 담배업계의 한국 ETS 컨설턴트들과 특히 히라야마가 참석한 결과로서 어떤 논쟁이 발생했을

때 균형을 맞추기 위해 작업할 예정"이라고 보고했다.[194] 프록터는 BAT의 선임 연구원으로 담배업계와 아시아 지역 컨설턴트를 조정하는 역할을 맡았다.

담배업계는 1991년 6월 26~27일 서울의 하얏트 호텔에서 아시아 컨설턴트 회의를 개최했으며, 다음 날 '제2회 1990년대 환경 보건 및 보호 국제 심포지엄'을 같은 장소에서 개최하였다. 국제 심포지엄은 한양대학교 의대 산업의학과에서 주최하고 환경부에서 후원하는 형식을 취했다. 그러나 담배업계 보고서에는 자신들이 1990년 6월 '제1회 1990년대 환경 보건 및 보호 국제 심포지엄'을 기획하였으며, 한국의 환경부 장관과 대한보건협회 회장이 참석하는 성과를 거두었다고 밝혔다.[195]

김윤신은 이틀간 개최된 아시아 컨설턴트 회의에서 첫날 미국 환경보호청에서 발표한 간접흡연 보고서를 분석하는 단독 발표를 했으며, 둘째 날 '한국에서 환경적 우선 과제'라는 제목으로 노정구와 공동 발표를 했다.[196]

6월 27일 국제 심포지엄 개회식에서는 한양대학교 환경 및 산업의학연구소장 박항배의 개회사, 환경부장관 허남훈의 축사, 한양대학교 총장 이해성 및 대한보건협회장 고응린의 환영사 순서가 배치되었다. 첫 번째 세션은 '환경오염과 건강'이라는 주제로 펑성 헤Fengsheng He(중국), 야노 에이지(일본), 필립 위토쉬Philip Witorsch(미국), 조수헌(한국)이 발표했다. 두 번째 세션은 '실내 공기 오염원과 치료'라는 주제로 정용(건국대)과 김해강(연세대)이 좌장을 맡았으며, 헬렌 가넷Helen Garnett(호주), 랴오 사라Sarah Liao(홍콩), 크리스토퍼 프록터(미국), 리 키앙 쿠아Lee Kiang Quah(싱가포르)가 발표했다. 세 번째 세션은 노정구와 신응배가 좌장을 맡았으며, 로저 페리(영국), 가가와 준(일본), 김윤신이 발표했다.[197] 이들 중 조수헌, 정용, 김해강을 제외한 나머지는 담배업계의 내부 과학자·컨설턴트·용역 수행자였다.

5. 금전적 보수수준 및 프로젝트 참여자

노정구는 1989년 2월 레슬리에게 컨설팅 비용으로 김윤신에게 1일 700달러, 자신에게 1일 600달러를 줄 것을 제안했다. 레슬리와 빌링스는 흥정을 하고 싶지 않았기에 바로 이 금액에 합의했다.[178] 1989년 2월 25일자 기준으로 당시 원-달러 환율이 673.8원이었다. 1989년 최저 임금이 시급 600원이었으며, 1인당 국민소득은 1988년 4,548달러, 1989년 5,556달러였다.[198] 당시 김윤신의 일당 47만 원과 노정구의 일당 40만 원은 최저 임금의 83~98배나 되었다.

김윤신은 1992년 3월 31일자로 서울의 실내 공기 질 측정에 관한 프로젝트 제안서를 담배업계에 제출했다. 연구 기간은 1992년 6월 1일에서 1993년 3월 30일까지였으며, 연구비는 총 10만 7,100달러였다. 인건비는 주 연구자 1일 2,000달러, 기술적 조언자 1일 700달러, 비서 1개월 2,000달러, 연구보조원 1개월 1,500달러로 명기되어 있다.[199]

1992년 김윤신 프로젝트팀 연구자 명단[199]

직책	이름	소속	기타
주 연구자	김윤신	한양대학교 의대	1978년 도쿄대학교 보건학 박사, 1985년 텍사스대학교 환경학 박사
프로젝트 매니저	박상희	한양대학교 대학원	대한보건연구(1989)에 김윤신과 공동논문 발표
기술적 조언자	이영무	한양대학교 공대	담배 회사와 관계 사전 인지 정황 문서
기술적 조언자	Eun Sul Lee	텍사스대학교	서울대학교 사회학과 졸업 후 미국 유학, 통계학 및 사회학 박사

기술적 조언자 이영무는 한양대학교 공대 교수이며, 김윤신이 소장으로 재직 중인 한양대학교 의과대학 환경 및 산업의학연구소 운영위원을 맡았다.[200] 김윤신은 크리스 프록터에게 보낸 팩스에서 참조자로 이영무의 이름을 기록했는데, 이는 이영무가 담배 회사와의 관련성을 사전에 인지했을 가능성이 높음을 시사한다.[201]

또 다른 기술적 조언자 재미과학자 이은설은 서울대학교 사회학과를 졸업하고 미국으로 유학을 떠나 통계학 및 사회학으로 박사학위를 받은 후 텍사스대학교 공중보건학 교실에서 오랫동안 교수로 재직했다.[202]

담배업계는 김윤신의 프로젝트 제안을 백성옥과 공동으로 진행하도록 조정했으며, 이 프로젝트를 Japan Indoor Air Research Society(JIARS)에서 후원하는 형식으로 진행했다. 프로젝트 총감

독을 영국의 로저 페리에게 맡기고, 일본의 컨설턴트인 기타큐슈 대학교의 고다마 야스시Yasushi Kodama에게 자문을 맡겼다.[203, 204]

이 프로젝트의 결과물은 1997년 국제 학술지에 게재되었는데, 필립 모리스 또는 담배업계의 자금 지원으로 이 연구가 수행되었다는 사실을 숨겼다. 저자들은 영문 논문에 일본의 고다마 야스시, 영남대학교의 김영민, 한양대학교의 윤영훈, 임페리얼 칼리지의 아이반 지Ivan Gee, 그리고 한국화학연구소에 감사의 말을 전했으며, JIARS에서 연구 자금을 제공했음을 밝혔을 뿐이다.[205] 국문 논문에는 대전 혜천대학교 박상곤에게 추가로 감사의 말을 전했다.[206] 그러나 담배 회사 내부 문건에서는 필립 모리스에서 이 논문의 연구 자금을 제공했음을 확실하게 명시하고 있으며,[192] 담배업계의 비밀 컨설턴트 히토시 가스가가 회장을 맡았던 JIARS는 JT 등 담배업계의 자금으로 운영되었다.[207]

백성옥은 1997년 담배업계에 프로젝트 제안서를 제출했다. 연구 내용은 '한국인 비흡연자의 ETS 및 VOC 개인 노출 모니터링을 위한 방법론 평가'하는 것이었으며, 총 14만 6,000달러의 예산을 신청했다. 인건비는 백성옥 1일 200달러, 로저 젱킨스Roger A. Jenkins 1일 1,000달러를 책정했다.[183]

영남대학교 의대 교수 김홍대는 백성옥의 프로젝트 제안서 첫 페이지에 기관장 서명을 했으며, 백성옥이 책임 연구자, 한국인삼연초연구소장 이동욱이 타액 샘플 및 정도 관리 샘플의 일부분 담당, 한국표준과학연구원의 허귀석이 정도 관리 샘플 약간량을 담

1997년 백성옥 프로젝트팀 연구자 명단[174]

직책	이름	소속	기타
기관장	김흥대	영남대학교 의대	프로젝트 제안서 기관장 서명
책임 연구자	백성옥	영남대학교 공대	1996년 6월~1997년 2월 Oak Ridge National Laboratory 방문 과학자
프로젝트 조언자	로저 젱킨스	Oak Ridge National	간접흡연 위험 실제보다 과장되었다는 입장
기술적 조언자	이동욱	한국인삼연초연구소	샘플 분석
기술적 조언자	허귀석	한국표준과학연구소	샘플 분석

당할 것으로 책임을 나누었다.

간접흡연의 위험이 실제보다 과장되었다는 입장을 피력한 로저 젱킨스는 담배업계와 무관한 객관적 과학자로 인터넷에 소개되고 있으나,[208] 담배업계의 용역을 수행한 사실이 담배 기업 내부 문건을 통해서 밝혀졌다.[199]

한국인삼연초연구소장 이동욱은 1996년 5월 20일 서울 하얏트 호텔에서 열린 아시아 지역 담배산업 과학자들의 모임인 ARTIST 제1차 회의에 한국을 대표하여 참석한 담배 기업 내부 과학자이다.[209]

토론 및 결론

본 연구에서는 첫째, 담배 회사 내부 문건 분석을 통해 비밀리에 아시아 ETS 컨설턴트로 일한 한국인 과학자 김윤신, 노정구, 백성옥 등 3명과 담배업계 용역을 수행한 한국인 과학자 차철환, 신응배 등 2명을 밝혀냈다. 둘째, 김윤신과 백성옥이 담배업계에 제출한 프로젝트 제안서를 통해서 그들과 함께 연구를 수행하거나 기술적 자문을 해 준 과학자들의 신원과 경제적 보수수준을 밝혀냈다. 셋째, 담배업계가 자신들의 용역에 의해 실시된 김윤신과 백성옥의 연구 결과를 다시 '제3자 기술'로 활용했으며, 금연 관련 국제회의가 개최되기 직전에 '제3자적 관점'에서 자신들의 입장을 옹호해 줄 전문가들을 동원하여 맞대응 국제회의를 조직했던 실태도 규명했다.

2008년 11월에 채택된 담배규제기본협약 제5조 3항 가이드라인에서는 "당사국은 또한 담배업계가 그들을 대신하거나 담배업계의 이익을 증대하기 위해 공개적으로 혹은 암암리에 활동하는 개인, 위장 단체, 연계 조직을 이용했던 담배업계의 행태에 대한 인식을 높여야 한다."라고 권고했다. 또한 "당사국은 담배업계와 그들의 이익을 증대시키기 위해 활동하는 기관에 고용된 어떤 사람도 담배 규제 및 공중 보건 정책을 수립하고 이행하는 정부 기관, 위원회, 자문단의 일원으로 선정되는 것을 허용하지 말 것"과 "당사국은 담배 산업을 대신해 활동하는 담배 산업 법인체, 연계 조직, 로비스트를 포함한 개인을 공개하거나 등록하도록 하는 규정을 만들 것"을 권고했다.[210] 따라서 본 연구에서 규명된 사실이 이러한 가이드라인의 국내 적용에 활용되기를 기대한다.

그러나 본 연구는 담배 기업 내부 문건에 근거했기 때문에 실체적 진실을 모두 규명하기에는 명백한 한계가 존재한다. 앞으로 신원이 밝혀진 한국 과학자들을 대상으로 이들이 저술한 논문의 내용에 대한 학술적 검토가 필요하며, 언론과 학계의 인터뷰나 구술 작업 등을 통한 추가적인 연구가 시행되어야 실체적 진실이 밝혀질 것이다.

또한 전매청, 한국담배인삼공사, KT&G로 계승된 국내 담배 기업의 컨설턴트로 활동하거나 연구 용역을 수행한 과학자들에 대한 연구도 필요하다. 담배 회사에 직접 고용된 내부 과학자와 외부 과학자, 홍보 회사, 법률 회사, 로비스트, 사외이사 등에 대한 연구를 통해 기업의 연구 지원과 이해상충에 대한 국내 학계의 활발한 논의가 이루어지기를 기대한다. 아울러 건강, 환경, 안전 분야에서 기업의 사회적 책임 또는 공공 민간 협력이 가능한 것인지, 만일 가능하다면 그 효과성을 극대화시키기 위해 어떻게 해야 하는지에 대한 연구와 논의도 활발하게 이루어지기를 기대한다.

감사의 글

본 연구는 연구공동체 건강과대안의 '기업과 건강' 프로젝트에 의해 시행되었다. 본 원고를 검토하고 조언을 아끼지 않은 우석균, 이상윤, 변혜진, 박주영, 강영호, 송기호, 조능희 선생께 감사드린다.

| 출처 |

1장

1 농림수산식품부 보도자료, 〈미국 BSE 관련 추가 정보 제공받아 현재 검토 중〉, 2012. 4. 27

2 Lauran Neergraard & Sam Hananel, New case of mad cow disease in California, AP, April 24, 2012

3 Tracie Cone, USDA: Offspring of mad cow did not have disease, AP, May 2, 2012

4 OIE, Information received on 26/04/2012 from Dr John Clifford, Deputy Administrator, Animal and Plant Health Inspection Service, United States Department of Agriculture, Washington, United States of America (http://web.oie.int/wahis/public.php?page=single_report&pop=1&reportid=11893)

5 USDA, Statement by USDA Chief Veterinary Officer John Clifford Regarding a Detection of Bovine Spongiform Encephalopathy (BSE) in the United States(Release No. 0132.12), April 24, 2012

6 Lauran Neergraard & Sam Hananel(2012), Ibid.

7 농림수산식품부, 미국 정부가 광우병 발견 관련 사실 관계를 한국에 통보한 자료 문서 또는 전문, 민변 정보 공개 요청서에 대한 공개 내용, 2012. 5. 8

8 2008년 5월 8일자《조선일보》를 비롯한 주요 일간지 1면 하단 광고

9 민주노동당 강기갑 의원의 질의에 대한 한승수 국무총리의 답변, 17대 국회 본회의 회의록, 2008. 5. 8

10 농림수산식품부 · 통상교섭본부 · 총리실, 〈미국산 쇠고기 추가 협상 관련 Q&A〉,

2008. 6

11 민주노동당 강기갑 의원의 질의에 대한 조중표 국무총리실장의 답변, 18대 국회 국정조사특별위원회 회의록, 2008. 9. 1

12 강기갑 의원 질의에 대한 한승수 국무총리의 서면 답변, 국정조사특위 회의록 부록, 2008. 9. 1

13 김용식, 〈신문광고라 축약… 이후에 법 개정〉, 《한국일보》, 2012. 4. 27

14 류정민, 〈'뼈저린 반성' 약속은 뻥?… 청와대 "괴담 퍼뜨리지 마라"〉, 《미디어오늘》, 2012. 4. 26

15 임지선, 장은교, 〈"검역 중단" 요구하자 서규용 장관 "문제 없다는데 그런 짓 왜 하나〉, 《경향신문》, 2012. 5. 2

16 http://www.youtube.com/watch?v=peKWZTn5mfs&feature=youtu.be

17 농림수산식품부 고시(제2008-15호), 미국산 쇠고기 및 쇠고기 제품 수입위생조건(관보 제16779(그2)), 2008. 6. 26

18 수입위생조건 부칙 8항. 30개월 미만 소의 뇌, 눈, 머리뼈, 또는 척수는 특정위험물질 혹은 식품 안전 위해에 해당되지 않는다. 그러나 수입자가 이들 제품을 주문하지 않는 한, 이들 제품이 검역검사 과정에서 발견될 경우, 해당 상자를 반송한다.

19 주이석, 〈PD 수첩〉 공판조서, 2009. 9

20 서울대학교 수의과대학 전염병학교실 유한상 교수 프로필(http://vet.snu.ac.kr/home/yoohs/)

21 김영훈, 〈광우병 위원 9명 중 7명 "수입 미국 쇠고기 안전하지만 불안 해소책 필요"〉, 《중앙일보》, 2012. 4. 28

22 〈대한수의사회장에 김옥경 전 검역원장 당선〉, 《한국농자재신문》, 2011. 5. 3

23 http://www.mhlw.go.jp/stf/houdou/2r98520000026ogj-att/2r98520000026okl.pdf

24 USDA, Statement by USDA Chief Veterinary Officer John Clifford Regarding a Detection of Bovine Spongiform Encephalopathy (BSE) in the United States(Release No. 0132.12), April 24, 2012

25 APHIS, Update from APHIS Regarding a Detection of Bovine Spongiform Encephalopathy (BSE) in the United States, May 2, 2012 (http://www.aphis.usda.gov/newsroom/2012/05/bse_update_050212.shtml)

26 Lauran Neergraard & Sam Hananel(2012), Ibid.

27 Tracie Cone, Ibid.

28 The National Renderers Association, RE: Summary of comments about 8 final rule titled: Substances Prohibited From Use in Animal Food or Feedto Prevent the Transmission of Bovine Spongiform Encephalopathy (RIN: 0910AF46), January 11, 2008

29 The Humane Society of the United States, USDA Bans Slaughter of Downers After Mad Cow Finding, 2004

30 Seuberlich T, et al., Novel prion protein in BSE-affected cattle, Switzerland. Emerg Infect Dis. Jan, 2012

31 ① Balkema-Buschmann A, Experimental challenge of cattle with German atypical bovine spongiform encephalopathy (BSE) isolates. *J Toxicol Environ Health A*. 2011: 74(2-4), 103-9

② http://www.oie.int/en/animal-health-in-the-world/bse-specific-data/number-of-cases-in-the-united-kingdom/

③ http://www.oie.int/animal-health-in-the-world/bse-specific-data/number-of-reported-cases-worldwide-excluding-the-united-kingdom/

32 Qingzhong Kong, et al., Evaluation of the human transmission risk of an atypical bovine spongiform encephalopathy prion strain, *J Virol*, Apr 2008: 82(7), pp. 3697-3701. Epub Jan 30, 2008

33 Comoy EE, et al.(2008), Atypical BSE (BASE) Transmitted from Asymptomatic Aging Cattle to a Primate. *PLoS ONE* 3(8): e3017. doi:10.1371/journal.pone.0003017

34 Nadine Mestre-Francés, et al., Oral Transmission of L-type Bovine Spongiform Encephalopathy in Primate Model, *Emerg Infect Dis*, 2012 January: 18(1), pp. 142-145

35 R, Casalone C, et al.(2007), Conversion of the BASE prion strain into the BSE strain: The origin of BSE? *PLoS Pathog* 3: e31.

36 Silvia Suardi, et al.(2012), Infectivity in Skeletal Muscle of Cattle with Atypical Bovine Spongiform Encephalopathy. *PLoS ONE* 7(2): e31449. doi:10.1371/journal.pone.0031449

37 농림수산식품부, 〈보도자료 : 미국 BSE 발생관련 조치 현지 확인 조사단 파견〉, 2012. 4. 29, p. 4

38 Rona Wilson, et al., Chronic Wasting Disease and Atypical forms of BSE and scrapie are not transmissible to mice expressing wild-type levels of human PrP, *J Gen Virol*, April 2012 vir.0.042507-0

39 Béringue, V., et al, H.(2012), Facilitated Cross-Species Transmission of Prions inExtraneural Tissue, *Science* 335, pp. 472-475

40 http://www.usda.gov/nass/PUBS/TODAYRPT/lsan0412.pdf

41 농림수산식품부, 〈보도자료 : 미국 BSE 발생 관련 조치 현지 확인 조사단 파견〉, 2012. 4. 29, p. 5

42 ① http://www.inspection.gc.ca/english/anima/disemala/rep/2011bseesbe.shtml

② http://www.inspection.gc.ca/english/anima/disemala/bseesb/comenqe.shtml

43 http://www.maff.go.jp/j/syouan/douei/bse/b_kantiku/index.html

44 ① 일본 후생노동성 http://www.mhlw.go.jp

② Yamakawa Y et al., Atypical proteinase K-resistant prion protein(PrPres) observed in an apparently healthy 23-month-old Holstein steer, *Japan Journal of Infectious Disease*, 2003 Oct-Dec: 56(5-6), pp. 221-222

③ http://www.defra.gov.uk/aniamlh/bse/statistics/bse/yng-old.html

45 농림부 축산국, 〈미국 BSE 상황 및 미국산 쇠고기 안전성 검토〉, 2005. 11, p. 24

46 USDA, Statement by USDA Chief Veterinary Officer John Clifford Regarding a Detection of Bovine Spongiform Encephalopathy (BSE) in the United States(Release No. 0132.12), April 24, 2012

47 Robert Bazell, Are USDA assurances on mad cow case 'gross oversimplification'?, NBC, May 2, 2012

48 Comoy EE, et al., Ibid

49 Robert Bazell, Ibid

50 Michael Hansen, Consumer's Union on Announcement Today of a Confirmed Mad Cow in California Statement on BSE positive cow, Consumers Union, April 25, 2012

51 The Humane Society of the United States(2004), USDA Bans Slaughter of Downers After Mad Cow Finding (http://byermedia.com/life/6/pets/mad-cow/mad-cow.html)

52 Christian Science Monitor, Mad cow: Latest episode raises questions about cattle feed, Apr 28, 2012
53 Michael Hansen, Consumers Union's comments on FDA Docket No. 2002N-0273: Substances prohibited from use in animal food and feed, December 20, 2005
54 The National Renderers Association(2008), Ibid
55 송윤경, 〈"광우병 생기면 긴급회수 가능하다"던 이력 관리 시스템 엉망〉, 《경향신문》, 2012. 3. 24
56 Terry, L.A., et al.(2003), Detection of disease specific PrP in Peyer's patches of the distal ileum of cattle orally exposed to the BSE agent, *Vet. Rec.* 152, pp. 387-392
57 Hoffmann, et al., BSE infectivity in jejunum, ileum and ileocaecal junction of incubating cattle, *Veterinary Research*, 2011: 42, p. 21
58 일본 식품안전위원회 프리온전문조사회, 各国における特定危険部位(SRM)の範囲の比較, 第51回食品安全委員会プリオン専門調査会, 2008. 10. 15
59 老子 15장, "豫兮若冬涉川 猶兮若畏四隣"(여與와 예豫는 같은 뜻으로 통하는 글자이다. 판본에 따라 예豫대신 여與가 사용되는 경우도 있다.)
60 丁若鏞, 與猶堂全書 卷 13, 與猶堂記, '夫冬涉川者 寒螫切骨 非甚不得已 弗爲也 畏四隣者, 候察逼身 雖甚不得已 弗爲也'

2장

1 Veratect(April 24, 2009), Swine Flu in Mexico-Timeline of Events (http://biosurveillance.typepad.com/biosurveillance/2009/04/swine-flu-in-mexico-timeline-of-events.html)
2 Babak Pourbohloul et al(18 August 2009), Initial human transmission dynamics of the pandemic (H1N1) 2009 virus in North America, *Influenza and Other Respiratory Viruses* 3(5), pp. 215-222
3 CDC(March-April 2009), Swine influenza A (H1N1) infection in two children—Southern California, Morbidity and Mortality Weekly Report (MMWR) Rep 2009: 58, 400-b-402
4 OIE(April 28 2009), OIE position on safety of international trade of pigs and

products of pig origin
(http://www.oie.int/eng/press/en_090428.htm)

5 보건복지부 질병관리본부, 〈신종 인플루엔자 대유행 대비 대응 계획〉, 2006. 8

6 Martin Enserink(May 8, 2009), Swine Flu Names Evolving Faster Than Swine Flu Itself
(http://blogs.sciencemag.org/scienceinsider/2009/05/swine-flu-names.html#more)

7 AVMA(April 29, 2009), Swine Influenza Backgrounder
(http://www.avma.org/reference/backgrounders/swine_bgnd.pdf)

8 ① Scholtissek C., Pigs as 'mixing vessels' for the creation of new pandemic influenza A viruses, Med Princ Pract 1990;2, pp. 65-71
② Ito T, Couceiro JN, Kelm S, et al., Molecular basis for the generation in pigs of influenza A viruses with pandemic potential, *J Virol* 1998: 72, pp. 7367-7373
③ Ma W, Kahn RE, Richt JA, The pig as a mixing vessel for influenza viruses: human and veterinary implications, *J Mol Genet Med*. 2009: 3, pp. 158-166

9 Newman AP, Reisdorf E, Beinemann J, et al., Human case of swine influenza A (H2N1) triple reassortant virus infection, Wisconsin, *Emerg Infect Dis*. 2008: 14, pp. 1470-1472
(http://www.pubmedcentral.nih.gov/articlerender.fcgi?tool=pubmed&pubmedid=18760023)

10 Shinde V, Bridges CB, Uyeki TM, et al., Triple-reassortant swine influenza A (H1) in humans in the United States, 2005-2009, *N Engl J Med*. 2009: 360, pp. 2616-2625.
(http://content.nejm.org/cgi/content/abstract/360/25/2616?ijkey=0e741710a18db27b3a768feb0b998f77ad7feaa6&keytype2=tf_ipsecsha)

11 Shanta M. Zimmer, Donald S. Burke, Historical Perspective — Emergence of Influenza A (H1N1) Viruses, *N Engl J Med*. 2009 Jul 16: 361(3), pp. 279-285

12 Whitney S. Baker, Gregory C. Gray(May 15, 2009), A review of published reports regarding zoonotic pathogen infection in veterinarians, *Journal of*

the American Veterinary Medical Association, Vol. 234, No. 10, pp. 1271-1278
13 G M Nava et al., Origins of the new influenza A(H1N1) virus: time to take action, *Eurosurveillance*, Volume 14, Issue 22, Jun 4, 2009 (http://www.eurosurveillance.org/ViewArticle.aspx?ArticleId=19228)
14 Maggie Fox, Pigs an underestimated source of flu: study, Reuters, Jun 4, 2009
15 Shinde V, Bridges CB, Uyeki TM, et al., Triple-reassortant swine influenza A (H1) in humans in the United States, 2005-2009, *N Engl J Med*, 2009;361
16 Novel Swine-Origin Influenza A (H1N1) Virus Investigation Team(June 18, 2009), Emergence of a Novel Swine-Origin Influenza A (H1N1) Virus in Humans, *The New England Journal of Medicine*, Volume 360, pp. 2605-2615
17 Robert B. Belshe(May 7, 2009), Implications of the Emergence of a Novel H1 Influenza Virus, *The New England Journal of Medicine* (http://content.nejm.org/cgi/content/full/NEJMe0903995)
18 V Trifonov, H Khiabanian1, B Greenbaum, R Rabadan(April 30, 2009), The origin of the recent swine influenza A(H1N1) virus infecting humans, *Eurosurveillance*, Volume 14, Issue 17 (http://www.eurosurveillance.org/images/dynamic/EE/V14N17/art19193.pdf)
19 GenBank sequences from 2009 H1N1 influenza outbreak. (http://www.ncbi.nlm.nih.gov/genomes/FLU/SwineFlu.html.)
20 Van Reeth, K.(2007), Avian and swine influenza viruses: our current understanding of the zoonotic risk, Veterinary Research 38 (2), pp. 243-260
21 Novel Swine-Origin Influenza A(H1N1) Virus Investigation Team(June 18, 2009), Emergence of a Novel Swine-Origin Influenza A(H1N1) Virus in Humans, The New England Journal of Medicine, Volume 360, pp. 2605-2615
22 National Institute for Medical Research(2009), Emergence and spread of a new influenza A(H1N1) virus, May 7, 2009 (http://www.nimr.mrc.ac.uk/wic/)
23 Alan Hay, NIMR scientists discuss swine-like human influenza A H1N1, May 2, 2009

(http://www.nimr.mrc.ac.uk/news/2009/h1n1_02may09/)

24 AFP, Tamiflu-resistant swine flu found on US-Mexico border, AFP, Aug 3, 2009

25 Federico Quilodran, Chile confirms swine flu in turkeys, AP, Aug 22, 2009

26 CDC, FluView : 2008-2009 Influenza Season Week 33 ending August 22, 2009 (http://www.cdc.gov/flu/weekly/)

27 L Vaillant, Epidemiology of fatal cases associated with pandemic H1N1 influenza 2009, *Eurosurveillance*, Volume 14, Issue 33, August 20, 2009 (http://www.eurosurveillance.org/ViewArticle.aspx?ArticleId=19309)

28 The European Scientific Working Group on influenza(2009), Pandemics of the 20th Century (http://www.flucentre.org/files/Pandemics%20of%20the%20 20th%20century.pdf.)

29 WHO, World Health Organization. Influenza (seasonal) factsheet, April 2009 (http://www.who.int/mediacentre/factsheets/fs211/en/)

30 통계청, 2008년 사망 원인 통계 결과, 2009. 8. 30 (http://www.nso.go.kr/nso2006/k04___0000/k04b__0000/k04ba_0000/k04ba_0000.html?method=view&board_id=144&seq=85&num=85)

31 Taronna R. Ma et al, Transmission and Pathogenesis of Swine-Origin 2009 A(H1N1) Influenza Viruses in Ferrets and Mice, *Science*, Vol. 325. no. 5939, July 2, 2009, pp. 484-487

32 Daniel Perez et al, Fitness of Pandemic H1N1 and Seasonal influenza A viruses during Co-infection: Evidence of competitive advantage of pandemic H1N1 influenza versus seasonal influenza, *PLoS Currents: Influenza*, Aug 25, 2009(http://www.ncbi.nlm.nih.gov/rrn/RRN1011)

33 Robert Wallace(April 28, 2009), The NAFTA Flu, DemocracyNow (http://www.democracynow.org/2009/4/29/the_nafta_flu)

34 윤병선, 〈한미 FTA에 숨어 있는 괴물 : 초국적 농식품 복합체〉, *The Food Institute, Food Industry Review*, 2005 (《농민과 사회》 2006년 봄 재인용)

35 Smithfield Foods(2009), About Smithfield Foods(http://www.smithfieldfoods.com/)

36 Tom Philpott(Apr 28, 2009), Symptom: swine flu. Diagnosis: industrial agriculture?, Grist food

(http://www.grist.org/article/2009-04-28-more-smithfield-swine/)
37 미국 육류수출협회(http://www.usmef.co.kr/) 통계(해당 업체가 제공한 수치를 참조하여 미국 농무부가 집계한 통계 자료. 미국 내 전체 돼지 도축 두수 대비 업체별 돼지 도축 두수 비율을 나타낸 것)
38 Bryan Walsh, H1N1 Virus: The First Legal Action Targets a Pig Farm, Time, May 15, 2009
(http://www.time.com/time/health/article/0,8599,1898977,00.html?xid=rss-topstories)
39 Staff, Roche, Gilead End Tamiflu Feud, Red Herring, November 16, 2005
(http://redherring.com/Home/14507)
40 Nelson D. Schwartz, Rumsfeld's growing stake in Tamiflu, CNN, October 31, 2005
(http://money.cnn.com/2005/10/31/news/newsmakers/fortune_rumsfeld/?source=aol_quote)
41 etc group(2006), *Oligopoly Inc.* 2005, p. 2 (http://www.etcgroup.org/upload/publication/pdf_file/44)
42 Andrew Pollack, Roche Agrees to Buy Genentech for 46.8 Billion dollar, New York Times, March 12, 2009 (http://www.nytimes.com/2009/03/13/business/worldbusiness/13drugs.html?em)
43 AFP, Swine flu boosts Tamiflu sales by 203pct: Roche, AFP, Thu Jul 23, 2009
44 정은선, 〈2014년 백신 시장 99억 달러 규모〉, 《팜뉴스》, 2009. 1. 20
(http://koreavaccine.com/notice/read.php?code=news&no=843)
45 Jason Gale, Simeon Bennett, Swine Flu May Be Human Error, Scientist Says; WHO Probes Claim, Bloomberg, May 12, 2009
(http://www.bloomberg.com/apps/news?pid=20601087&sid=afrdATVXPEAk&refer=home)
46 Donald G. McNeil Jr., Swine Flu Not an Accident From a Lab, W.H.O. Says, *The New York Times*, May 14, 2009
(http://www.nytimes.com/2009/05/15/health/policy/15flu.html)
47 AFP, Swine flu could be man-made, AFP, April 28, 2009
48 곽도흔, 〈녹십자, 1,200억 원대 국내 신종플루 백신 시장 '독주'〉, 《이투데이》, 2009. 6. 8

(http://www.etoday.kr/news/section/newsview.php?TM=news&SM=0401&idxno=233251)

49 Simon Cox, Flu jabs not tested on children, BBC, August 6, 2009 (http://news.bbc.co.uk/2/hi/health/8185897.stm)

50 Ronak B. Patel, Thomas F. Burke, Urbanization—An Emerging Humanitarian Disaster, *The New England Journal of Medicine*, vol. 361, Aug 20, 2009, pp. 741-743 (http://content.nejm.org/cgi/reprint/361/8/741.pdf)

51 FAO, 1.02 billion people hungry, June 19, 2009

52 WFP, Who are the hungry? (http://www.wfp.org/hunger/who-are)

53 FAO(2008), The State of Food Insecurity in the World (http://www.fao.org/docrep/011/i0291e/i0291e00.htm)

54 FAO(2004), The State of Food Insecurity in the World (http://www.fao.org/docrep/007/y5650e/y5650e00.htm)

55 The American Cancer Society and World Lung Foundation, *The Tobacco Atlas*, Third Edition, August 25, 2009

56 UNAIDS/WHO, 2008 Report on the global AIDS epidemic, July 2008

57 WHO, World Malaria Report 2008, October 20, 2008, p. 12 (http://apps.who.int/malaria/wmr2008/malaria2008.pdf)

58 WHO(2009), Global tuberculosis control-epidemiology, strategy, financing, p. 12 (http://www.who.int/entity/tb/publications/global_report/2009/pdf/full_report.pdf)

59 Andrew Jack, Novartis rejects call for vaccine donations, *Financial Times*, June 14, 2009 (http://www.ft.com/cms/s/0/875066ae-5902-11de-80b3-00144feabdc0.html?nclick_check=1)

60 국가인권위원회, 푸제온 관련 특허 발명의 강제 실시에 대한 의견 표명, 2009. 6. 15

61 농림수산식품부(2010), 구제역 긴급행동지침, p. 5

62 Paul Sutmoller et al., Control and eradication of foot-and-mouth disease, *Virus Research* 91, pp. 133-134

63 Defra(2004), *The Emergency Vaccination Protocol*, p. 7

64 ① Reynal J. *Traité de police sanitaire des animaux domestiques.* Paris: Asselin; 1873. p. 1012(Jean Blancou, History of the control of foot and mouth disease, Comparative Immunology, *Microbiology & Infectious Diseases* 25(2002) pp. 283-296 재인용)
② Hansard(1869), Parliamentary Debate [HC] 194, col 672-682(Abigail Woods, "The Historical Roots of FMD Control in Britain, 1839-2001," Martin Döring and Brigitte Nerlich (eds.), The Social and Cultural Impact of Foot-and-mouth Disease in the UK in 2001: Experiences and Analyses (Manchester: Manchester University Press, 2009), pp. 19-34 재인용)

65 Henderson WM(1978). An historical review of the control of foot and mouth disease, *Br Vet J 134*(3), pp 3-9.

66 Nocard E, Leclainche E(1898), ladies microbiennes des animaux, Seconde éd. Paris: Masson and Cie, p. 956

67 Paul Sutmoller et al.(2003), Control and eradication of foot-and-mouth disease, *Virus Research* 91, pp. 101-44

68 김봉환·최상호(2001), 〈구제역의 역학적 특성, 발생 현황 및 관리 대책〉, 《한국농촌의학회지》 26(1), pp. 185-198

69 Defra(2009), Decision Tree for the Use of Emergency Vaccination During an Outbreak of Foot and Mouth Disease(FMD), *Contingency Plan for Exotic Diseases of Animals*, p. 56

70 농림수산식품부(2010), 구제역 긴급행동지침, p. 7

71 일본정부(2010), 口蹄疫対策特別措置法, 平成22年法律第44号

72 일본 농림수산성(2010), 口蹄疫対策特別措置法Q&A : 10. 今回、川南を中心とする区域を患畜及び疑似患畜以外の家畜の殺処分を行う地域として指定し、予防的殺処分を行った理由は何ですか?
(http://www.maff.go.jp/j/syouan/douei/katiku_yobo/k_fmd/tokusoho_qa.html#qa1)

73 〈예방적 살처분에도 구제역 확산 조짐〉, 《영남일보》, 2010. 12. 14
(http://www.yeongnam.com/yeongnam/html/yeongnamdaily/society/article.shtml?id=20101214.010020711370001)

74 박상표·조홍준(2010), 〈2009 신종플루의 위험성과 한국 정부의 대응에 대한 비판적 평가〉, 《상황과 복지》 제30호, pp. 7-48

75 보건복지부(2006), 〈신종인플루엔자 대유행 대비·대응계획〉, p. 21
76 村上洋介(2000), 口蹄疫ウイルスと口蹄疫の病性について, 日獣会誌. 53, pp. 257-277
77 WHO(2009), World Health Organization. Influenza (seasonal) factsheet, Fact sheet N°211
78 Potter, CW(2006), A History of Influenza, *Journal of Applied Microbiology*, 91 (4), pp. 572-579

3장

1 Isaiah Berlin(1969), *Four Essays on Liberty*, Oxford University Press, p. xlv.
2 The American Public Health Association, Opposition to the Use of Hormone Growth Promoters in Beef and Dairy Cattle Production, November 10, 2009
3 농촌경제연구원, 〈제26장 축산물 수급 동향과 전망〉, 《2011년 농업전망》, p. 808
4 국회 농림수산식품위(2012), 제19대 국회 농림수산식품분야 주요정책현안, p. 7
5 CVMA(1999), Report of the Canadian Veterinary Medical Association Expert Panel on rbST. Executive Summary, *Can Vet J*, 40(3): p. 160-162
6 G.J. Asimov, N.K. Krouze(1937), The Lactogenic Preparations from the Anterior Pituitary and the Increase of Milk Yield in Cows, *Journal of Dairy Science* Vol. 20, Issue 6, pp. 289-306
7 Stricker P & Grüterr R(1928), Action du lobe antérieur de l'hypophyse sur la montée laiteuse, *Comptes Rendus des Séances de la Société de Biologie et de ses Filiales* 99 1978-1980.
8 Oscar Riddle, Robert W. Bates, and Simon W. Dykshorn(1932), A New Hormone of the Anterior Pituitary Proc Soc, *Exp Biol Med* 29, pp. 1211-1212
9 Wade Roush(1991), Who Decides About Biotech? The Clash Over Bovine Growth Hormone, *Technology Review* 94, no. 5, p. 31
10 Andrew Christiansen(1991), Recombinant Bovine Growth Hormone: Alarming Tests, Unfounded Approval The Story Behind the Rush To Bring rBGH to Market, Rural Vermont
11 마리-모니크 로뱅, 이선혜 옮김, 《몬산토 : 죽음을 생산하는 기업》, 이레, 2009,

p. 156

12 Lewrene K. Glaser(1986), PROVISIONS OF THE FOOD SECURITY ACT OF 1985. National Economics Division, Economic Research Service, U.S. Department of Agriculture, *Agriculture Information Bulletin* No. 498, p. 2

13 마리-모니크 로뱅, 이선혜 옮김, 《몬산토 : 죽음을 생산하는 기업》, 이레, 2009, pp. 193-194

14 Lilly, Elanco Announces Acquisition of Posilac(R) Dairy Business, August 20, 2008.
(http://newsroom.lilly.com/releasedetail.cfm?releaseid=329001)

15 장인석, 〈주사 한 방에 우유가 콸콸… '부스틴' 프로젝트 특공대장〉, 《신동아》 통권 517호, pp. 431-442

16 〈LG화학, 몬산토와 특허전쟁 계속〉, 《Chemical Daily News》, 2001. 3. 7

17 〈LG생명과학, 3000억 특허분쟁 승리… 소 호르몬 소송〉, 《한국경제》, 2005. 11. 2

18 〈LG생명과학, 젖소산유촉진제 '부스틴' 칠레에 장기 수출계약〉, 《뉴시스》, 2008. 11. 5
(http://www.newswire.co.kr/newsRead.php?no=369169&ected=)

19 박상표, 《가축이 행복해야 인간이 건강하다》, 개마고원, 2012, p. 32

20 LG생명과학 홈페이지, 제품 정보, 부스틴 250 (2012. 10. 5 최종 확인)
(http://www.lgls.co.kr/animalhealth/prod/product_view.jsp?ke_gubun=KO&prod_seq=4)

21 CCTV, 315特别行动 : "健美猪"真相, 2011. 3. 15 (http://jingji.cntv.cn/20110315/106477.shtml)

22 中國 农业部 卫生部, 国家药品监督管理局发布 '禁止在饲料和动物饮用水中使用的药物品种目录', 2002. 9. 10

23 G. A. Mitchell & Gloria Dunnavan(1998), Illegal use of beta-adrenergic agonists in the United States, J ANIM SCI 76, pp. 208-211

24 BBC, Alberto Contador handed two-year drugs ban, February 6, 2012

25 〈중국 올림픽 선수단 '돼지고기와의 전쟁'〉, 《연합뉴스》, 2012. 7. 8

26 Mitchell A. D. et al,.(1990), Response of low and high protein select lines of pigs to the feeding of the beta-adrenergic agonist ractopamine(phenethanolamine), *J. Anim. Sci.* 68, pp. 3226-3232

27 Geraldine LUK, Leanness-enhancing Agents in Pork, Food Safety Focus

14th Issue, September 2007
(http://www.cfs.gov.hk/english/multimedia/multimedia_pub/multimedia_pub_fsf_14_01.html)

28 Martha Rosenberg, If You Liked Bovine Growth Hormone, You'll love Beta Agonists, *Food Consumer*, January 25, 2010

29 American Institute Taiwan, The Facts about U.S. Beef and Ractopamine, March 5, 2012
(http://www.ait.org.tw/en/officialtext-ot1201.html)

30 FAO, UN food safety body sets limits on veterinary growth promoting drug : Codex Alimentarius Commission adopts maximum residue levels, July 6, 2012
(http://www.fao.org/news/story/en/item/150953/icode/)

31 Ross Korves, Ractopamine Maximum Residue Standards Approved by Codex, *Truth About Trade & Technology*, July 12, 2012

32 大紀元, 含萊克多巴胺牛 台政院擬訂安全容許, 2012. 7. 25

33 臺灣 行政院 衛生署, 衛生署訂於11日公告牛肌肉中萊克多巴胺殘留容許量為10 ppb, 2012. 9. 10;
臺灣 行政院 農業委員會(2012), 萊克多巴胺資訊專區 (http://www.coa.gov.tw/view.php?catid=2445117)

34 今日新聞, 美豬肉商施壓 TIFA復談有變?李桐豪:美總統選前有困難, 2012. 8. 8
(http://www.nownews.com/2012/08/08/11490-2842652.htm)

35 McCauley I., et al.(2003), A GnRF vaccine (Improvac®) and porcine somatotropin (Reporcin®) have synergistic effects upon growth performance in both boars and gilts, *Aust. J. Agric. Res.* 54, pp. 11-20

36 Zamira, Reporcin : Porcine somatotropin(pST) (2012. 10. 5 최종 확인)
(http://zamira.com.au/products/reporcin)

37 VGXTM Animal Health, Inc., LifeTide® SW 5 (2012. 10. 5 최종 확인)
(http://www.vgxah.com/LifetideSW5.html)

38 농협중앙회 한우개량사업소 홈페이지, 한우 사양 관리, 비육우 사양 관리 (2012. 10. 5 최종 확인)
(http://www.limc.co.kr/management/ManageSpec_Direct.asp?GotoPage=1&category=2&num=37)

39 Oliver W. T., et al.(2003), A gonadotropin-releasing factor vaccine (Improvac) and porcine somatotropin have synergistic and additive effects on growth performance in group-housed boars and gilts, *J. Anim. Sci.* 81, pp. 1959-1966.; C. Rikard-Bell, et al.(2009), Ractopamine hydrochloride improves growth performance and carcass composition in immunocastrated boars, intact boars, and gilts, *J ANIM SCI* vol. 87 no. 11, pp. 3536-3543

40 Babol J, et al.(1999), Relationship between metabolism of androstenone and skatole in intact male pigs, *J Anim Sci.* 77(1), pp. 84-92

41 Frost, S. W(1928), INSECT SCATOLOGY, *Annals of the Entomological Society of America*, Volume 21, Number 1, pp. 36-46(11)

42 Fredriksen, B. et al.(2009), Practice on castration of piglets in Europe, *Animal 3* (11), pp. 480-1487

43 EU(2010), Animal welfare: voluntary end to the surgical castration of piglets by 2018
(http://ec.europa.eu/food/animal/welfare/farm/docs/castration_pigs_press_release_en.pdf)

44 Dunshea FR, et al.(2001), Vaccination of boars with a GnRH vaccine (IMPROVAC) which is claimed to eliminate boar taint and increases growth performance, *J Anim Sci* 79, pp. 2524-2535

45 Pfizer Inc.(2008), IMPROVAC® is the first commercial vaccine against boar taint
(http://www.improvac.com/sites/improvac/en-NZ/pages/productoverview.aspx)

46 Juliette Jowit, Fears over use of chemicals to castrate pigs, The Observer, January 24, 2010

47 USDA, Fact Sheets : Poultry Preparation, July 20, 2012
(http://www.fsis.usda.gov/fact_sheets/chicken_from_farm_to_table/index.asp#6)

48 K. E. Anderson & A. G. Gernat, REASONS WHY HORMONES ARE NOT USED IN THE POULTRY INDUSTRY, North Carolina Poultry Industry Newsletter, November, 2004

49 FDA(2011), Steroid Hormone Implants Used for Growth in Food-Producing Animals.

(http://www.fda.gov/AnimalVeterinary/SafetyHealth/ProductSafetyInformation/ucm055436.htm)

50 I.A. Sadek, et al.(1998), Survey of Hormonal Levels in Meat and Poultry Sold in Alexandria, *Egypt Eastern Mediterranean Health Journal*, Volume 4, Issue 2, pp. 239-243

51 LG생명과학 홈페이지, 제품정보-수산용 엘토실 (2012. 10. 5 최종 확인)
(http://lgphama.com/animalhealth/prod/product_view.jsp?ke_gubun=KO&prod_seq=5)

52 (주)환경과생명, 2006~2008년 엘토실 설명자료 (2012. 10. 5 최종 확인)
(http://envita.co.kr/rnd/img/Description_eltosil_Resources.pdf)

53 Jennifer Ferrara(1998), Revolving Doors: Monsanto and the Regulators, *The Ecologist*, Vol. 28 No 5, pp. 280-286
(http://exacteditions.theecologist.org/read/ecologist/vol-28-no-5-september-october-1998-5361/34/3?dps=)

54 Peter Khaled(1999), Monsanto employees and government regulatory agencies employees are the same people!
(http://organicconsumers.org/monsanto/revolvedoor.cfm)

55 Michael Pollan, Playing God in the Garden, *The New York Times Magazine*, October 25, 1998

56 Craig Canine, Hear No Evil: In its determination to become a model corporate citizen, is the FDA ignoring potential dangers in the nation's food supply?, *Eating Well*, July/August, 1991

57 Keith Schneider, F.D.A. Accused of Improper Ties In Review of Drug for Milk Cows, *The New York Times*, January 12, 1990

58 Andrew Christiansen(1991), Recombinant Bovine Growth Hormone: Alarming Tests, *Unfounded Approval The Story Behind the Rush To Bring rBGH to Market*, Rural Vermont

59 엡스타인 박사가 수행한 유전자 조작 소 호르몬을 투여한 우유의 안전성 문제에 대한 과학적인 문제 제기는 다음과 같다.
① Epstein, S. S., Potential health hazards of biosynthetic milk hormones, Report to the Food and Drug Administration, July 19, 1989
② Epstein, S. S.(1989), BST: The public health hazards, *The Ecologist*, 19,

pp. 191-195

③ Epstein, S. S.(1990), Potential public health hazards of biosynthetic milk hormones, *International Journal of Health Services*, 20, pp. 73-84

④ Epstein, S. S.(1990), Questions and answers on synthetic bovine growth hormones, *International Journal of Health Services*, 20(4), pp. 573-582

⑤ Epstein, S. S.(1990), Summary public health perspectives on rBGH. National Institutes of Health, Technology Assessment Conference on Bovine Somatotropin, *National Institutes of Health*, December, pp. 5-7

⑥ Epstein, S. S.(1996), Unlabeled milk from cows treated with biosynthetic growth hormones: A case of regulatory abdication, *Int. J. Health Services*, 26(1), pp. 173-185

60 Samuel Epstein and Pete Hardin, Confidential Monsanto Research Files Dispute Many bGH Safety Claims, *The Milkweed*, January, 1990

61 Judith C. Juskevich and C. Greg Guyer(1990), Bovine Growth Hormone: Human Food Safety Evaluation, *Science* vol. 249, pp. 875-884

62 Jeffrey Smith, Got Hormones-The Controversial Milk Drug That Refuses To Die, News With Views, December 10, 2004

63 Robert Cohen(1998), *Milk-the Deadly Poison*, Englewood Cliffs, Nj, Argus Publishing

64 http://www.linkedin.com/in/rarcmo (2012. 9. 21 최종 확인)

65 박상표, 〈정부, 쇠고기 수입 조건 미국에 굴복 파문〉, 《참세상》, 2006. 11. 11

66 USDA, Statement of Dr. Richard Raymond, Regarding the Safety of the U.S. Food Supply, May 4, 2008
(http://www.fsis.usda.gov/PDF/Raymond_Statement_050408.pdf)

67 Richard Raymond, et al., Recombinant Bovine Somatotropin(rbST): A Safety Assessment, ADSA-CSAS-ASAS Joint Annual Meeting, Montreal, Canada, July 14, 2009

68 Jonathan Latham & Allison Wilson, Strangely like Fiction: Sponsored Academics Admit Falsely Claiming Dairy Hormone Safety Endorsements, *Independent Science News*, February 22, 2010

69 Martin Donohoe, et al.(2010), A PUBLIC HEALTH RESPONSE TO ELANCO'S "RECOMBINANT BOVINE SOMATOTROPIN (rbST): A SAFETY

ASSESSMENT", Think Before You Pink™

70 Davis R., Making health care greener, American Medical Association eVoice, April 24, 2008

71 the American Cancer Society, Learn About Cancer : Recombinant Bovine Growth Hormone(Last Medical Review: 02/18/2011) (http://www.cancer.org/Cancer/CancerCauses/OtherCarcinogens/AtHome/recombinant-bovine-growth-hormone)

72 David Michaels(2008), *Doubt Is Their Product: How Industry's Assault on Science Threatens Your Health*, Oxford University Press ; Naomi Oreskes & Eric M. Conway(2010), *Merchants of Doubt: How a Handful of Scientist Obscured the Truth on Issues from Tabacco the Global Warming*, Bloomsbury Press

73 Jonathan Latham & Allison Wilson, Strangely like Fiction: Sponsored Academics Admit Falsely Claiming Dairy Hormone Safety Endorsements, *Independent Science News*, February 22, 2010

74 테오 콜본 지음, 권복규 옮김, 《도둑맞은 미래》, 사이언스북스, 1997

75 The American Public Health Association, Opposition to the Use of Hormone Growth Promoters in Beef and Dairy Cattle Production, November 10, 2009

76 Professional and Public Relations Committee of the DESAD (Diethylstilbestrol and Adenosis) Project of the Division of Cancer Control and Rehabilitation(1976). Exposure in utero to diethylstilbestrol and related synthetic hormones. Association with vaginal and cervical cancers and other abnormalities. *JAMA* 236(10), pp. 1107-1109

77 Herbst AL, et al.(1971), Adenocarcinoma of the vagina. Association of maternal stilbestrol therapy with tumor appearance in young women, *The New England Journal of Medicine* 284(15), pp. 878-881

78 FDA Drug Bulletin(1972), Diethylstilbestrol contraindicated in pregnancy, *California Medicine* 116(2), pp. 85-86

79 Gandhi R, Snedeker S, Consumer Concerns About Hormones in Food: Fact Sheet #37, June 2000. Program on Breast Cancer and Environmental Risk Factors, Cornell University.

(http://envirocancer.cornell.edu/factsheet/diet/fs37.hormones.cfm)

80 National Cancer Institute(2011), Fact Sheet-Diethylstilbestrol (DES) and Cancer
(http://www.cancer.gov/cancertopics/factsheet/Risk/DES)

81 Séralini, G.-E., et al.(2012), Long term toxicity of a Roundup herbicide and a Roundup-tolerant genetically modified maize. *Food Chem*. Toxicol.

82 ① 몬산토의 입장은 9월 26일자로 업데이트한 아래 자료를 참고하라.
http://www.monsanto.com/products/Documents/ProductSafety/seralini-sept-2012-monsanto-comments.pdf
② 몬산토의 입장에 대한 GM Watch의 반박은 아래 자료를 참고하라.
http://www.gmwatch.org/index.php?option=com_content&view=article&id=14226:response-to-monsantos-rebuttal-of-seralini-study-1
③ 세라리니팀의 연구 결과에 대한 전문가들의 반응은 Science Media Centre의 아래 자료를 참고하라.
http://www.sciencemediacentre.org/pages/press_releases/12-09-19_gm_maize_rats_tumours.htm
http://www.smc.org.au/2012/09/rapid-reaction-long-term-toxicity-of-gm-maize-food-and-chemical-toxicology-experts-respond/
④ Science Media Centre는 세라리니팀의 연구 결과를 공격한 전문가 중 Tom Sanders의 과거행적 및 기업과의 연관관계를 조사해서 발표하였다.
http://www.gmwatch.org/index.php?option=com_content&view=article&id=14225:science-media-centre-qexpertsq-who-attacked-seralinis-study-1-tom-sanders
⑤ 전문가들의 반응에 대한 세라리니팀의 답변 및 반박은 아래 자료를 참고하라.
http://www.criigen.org/SiteEn/index.php?option=com_content&task=view&id=368&Itemid=1

83 Liu S, et al.(2002), Involvement of breast epithelial-stromal interactions in the regulation of protein tyrosine phosphatase-gamma (PTPgamma) mRNA expression by estrogenically active agents, *Breast Cancer Res Treat* 71, pp. 21-35

84 Dohoo IR et al.(2003), A meta-analysis review of the effects of recombinant bovine somatotropin. Part 1. Methodology and effects on production, *Can*

J Vet Res, 67(4), pp. 241-251

85 CVNA(1999), Report of the Canadian Veterinary Medical Association Expert Panel on rbST, *Can Vet J.* 40(3), pp. 160-162

86 https://www.elanco.us/products-services/dairy/enhance-milk-production.aspx

87 Health Canada, Health Canada rejects bovine growth hormone in Canada, January, 1999

88 Food Standards Australia and New Zealand, A Risk Profile of Dairy Products in Australia: Food Standards Australia and New Zealand, August 9, 2006

89 Japan Ministry of Health, Labour and Welfare, Ministerial Ordinance on Milk and Milk products Concerning Compositional Standards, February 5, 2004

90 Council of the European Union, Internal Market, Consumer Affairs and Tourism, 2289th Council meeting. Brussels, September 28, 2000

91 Kastel, Mark, Down on the Farm: The Real BGH Story Animal Health Problems, *Financial Troubles*, Rural Vermont, 1995

92 Family Farm Defenders, Bovine Growth Hormone, July 9, 2008

93 Hankinson SE, et al.(1998), Circulating concentrations of insulin-like growth factor-I and risk of breast cancer, *Lancet* 351(9113), pp. 1393-1396

94 Chan JM, et al.(1998), Plasma insulin-like growth factor-I and prostate cancer risk: a prospective study. *Science* 279 (5350), pp. 563-566

95 Minuto F, et al.(1988), Evidence for autocrine mitogenic stimulation by somatomedin-C/insulin-like growth factor I on an established human lung cancer cell line, *Cancer Res* 48, pp. 3716-3719 ; Velcheti V & Govindan R.(2006), Insulin-like growth factor and lung cancer, *J Thorac Oncol*, 2006 Sep; 1(7), pp. 607-610

96 Pollak M.(2000), Insulin-like growth factor physiology and cancer risk, Eur. J. *Cancer* 36(10), pp. 1224-1228; Sandhu MS, et al.(2002), Insulin, insulin-like growth factor-I (IGF-I), IGF binding proteins, their biologic interactions, and colorectal cancer, *J. Natl. Cancer Inst.* 94(13), pp. 972-980

97 Fara GM, et al.(1979), Epidemic of breast enlargement in an Italian school,

Lancet 2, pp. 295-297

98 Comas AP.(1982), Precocious sexual development in Puerto Rico, *Lancet* 1982: 1, pp. 1299-1300; Saenz de Rodriguez CA.(1984), Environmental hormone contamination in Puerto Rico, *N Engl J Med* 310, pp. 1741-1742 ; Saenz de Rodriguez CA, et al.(1985), An epidemic of precocious development in Puerto Rican children, *J Pediatr* 107, pp. 393-396

99 Ivelisse Colon, et al.(2001), Premature Thelarche in Puerto Rico: Natural Phenomenon, Man-made Health Catastrophe or Both?, *The Ribbon* vol. 6 no.1, pp. 1-5

100 Schoental R.(1983), Precocious sexual development in Puerto Rico and oestrogenic mycotoxins (zearalenone), *The Lancet* 321: 537

101 Massart F, et al.(2008), High growth rate of girls with precocious puberty exposed to estrogenic mycotoxins, J Pediatr 152, pp. 690-695

102 Aksglaede L, et al.(2009), Recent decline in age at breast development: the Copenhagen puberty study, *Pediatrics* 123: e932-e939

103 〈백병원 "성조숙증 어린이 7년 새 19배 증가"〉, 《연합뉴스》, 2012. 6. 12

104 Swan SH, et al.(2007), Semen quality of fertile US males in relation to their mothers' beef consumption during pregnancy, *Hum Reprod* 22, pp. 1497-1502

105 The American Public Health Association, Opposition to the Use of Hormone Growth Promoters in Beef and Dairy Cattle Production, November 10, 2009
(http://www.apha.org/advocacy/policy/policysearch/default.htm?id=1379)

106 Davis R., Making health care greener, American Medical Association eVoice, April 24, 2008

107 박상표, 《가축이 행복해야 인간이 건강하다》, 개마고원, 2012, p. 14, p. 205 (가축사육 현황은 2010년 말, 친환경 축산물 인증 현황은 2011년 말 농림수산식품부 통계를 인용했다.)

108 Ohio Admin. Code 901:11-8-01(2008), invalidated by Int'l Dairy II, 2010 WL 3782193, at *8-9.

109 FDA(1994), Interim Guidance on the Voluntary Labeling of Milk and Milk Products from Cows That Have Not Been Treated with Recombinant

Bovine Somatotropin, 59 Fed. Reg. 6279, 6279-80 (Feb. 10, 1994)

110 Int'l Dairy Foods Ass'n v. Boggs, Nos. 09-3515, 09-3526, 2010 WL 3782193 (6th Cir. Sept. 30, 2010) (Int'l Dairy II).
(http://www.ca6.uscourts.gov/opinions.pdf/10a0322p-06.pdf)

111 Cordaro Rodriguez(2011), Recent Developments in Health Law: Ban on Milk Labeling Violates First Amendment—International Dairy Foods Ass'n v. Boggs, Journal of Law, *Medicine & Ethics*, spring 2011

112 Nicholas Ashford, et al.(1998), Wingspread Statement on the Precautionary Principle
(http://www.gdrc.org/u-gov/precaution-3.html)

113 이 글은 우석균, 이상윤, 조능희, 조홍준 선생님을 비롯한 연구공동체 '건강과 대안'(http://www.chsc.or.kr/xe/)의 많은 연구위원들의 조언과 도움을 받아 작성되었다. 발제문 초안을 검토해준 많은 분들께 감사드린다.

114 EWG, Americans Eat Their Weight in Genetically Engineered Food, October 16, 2012
(http://www.enewspf.com/opinion/analysis/37459-americans-eat-their-weight-in-genetically-engineered-food.html)

115 Séralini, G.-E., et al., Long term toxicity of a Roundup herbicide and a Roundup-tolerant genetically modified maize, *Food Chem. Toxicol* vol, 50, Issue 11, November 2012, pp. 4221-4231

116 ILSI Research Foundation(2012), GM Crop Database: MON-OO6O3-6 (NK603), Center for Environmental Risk Assessment
(http://www.cera-gmc.org/?action=gm_crop_database&mode=ShowProd&data=NK603)

117 EPA(1983), Summary of the IBT Review Program: Office of Pesticides Program

118 U.S. EPA. Communications and Public Affairs, Note to correspondents, March 1, 1991

119 US Dept. of Justice. United States Attorney. Western District of Texas, Texas laboratory, its president, 3 employees indicted on 20 felony counts in connection with pesticide testing. Austin TX Sept 29, 1992; US EPA Communications, Education, And Public Affairs, Press Advisory. Craven

Laboratories, owner, and 14 employees sentenced for falsifying pesticide tests. Mar 4, 1994

120 EPA, Data Validation. Memo from K. Locke, Toxicology Branch, to R. Taylor, Regulation Branch, August 9, 1978

121 Helen H. McDuffie, et al.(2001), Non-Hodgkin's Lymphoma and Specific Pesticide Exposures in Men: Cross-Canada Study of Pesticides and Health, *Cancer Epidemiol Biomarkers Prev* Vol. 10, pp. 1155-1163

122 Hardell, L., et al.(2002), Exposure to pesticides as rick factors for non-Hodgkin's Lymphoma among men, *Leuk Lymphoma* 43(5), pp. 1043-1049

123 A J De Roos, et al.(2003), Integrative assessment of multiple pesticides as risk factors for non-Hodgkin's lymphoma among men, *Occup Environ Med.*, 2003 September; 60(9): e11.

124 CRIIGEN (2011), Gilles-Eric Seralini:Biobibliographie (http://www.criigen.org/SiteFr/images/biographie-ges.pdf)

125 Séralini, G.-E., et al.(2009), A Comparison of the Effects of Three GM Corn Varieties on Mammalian Health, *International Journal of Biological Sciences* 5(7), pp. 706-726

126 김형진(2010), 〈독성학적 관점에서 바라본 GM 식품〉, 《Bio Safety》, Vol 11, No. 1, pp. 54-55

127 GM Watch, The GM lobby wades in on new study, September 20, 2012

128 Sreya Basu(2012), Genetic Farming can Help Solve Food Crisis: Expert, *Economic Times*(India), July 31, 2008

129 Greenpeace wins damages over professor's 'unfounded' allegations, *Guardian*, October 8, 2001

130 Trewavas A., Much food, many problems, *Nature*, 1999 Nov 18;402(6759), pp. 231-232

131 Author defends Monsanto GM study as EU orders review, Reuters, September 20, 2012

132 ① Morgane Bertrand, OGM: 9 critiques et 9 réponses sur l'étude de Séralini, *Le Nouvel Observateur*, 20 Sept, 2012 (http://tempsreel.nouvelobs.com/ogm-le-scandale/20120920.OBS3130/ogm-9-critiques-et-9-reponses-sur-l-etude-de-seralini.html)

② GM Watch, GM Watch responds to criticisms of Seralini's study, October 11, 2012
(http://www.gmwatch.org/index.php?option=com_content&view=article&id=14305:gmwatch-responds-to-criticisms-of-seralinis-study)
③ GM Watch, Scientists' response to critics of Seralini's study, September 21, 2012
(http://www.gmwatch.org/index.php?option=com_content&view=article&id=14217:scientists-response-to-critics-of-seralinis-study)
④ Elinor Zuke, Scientists shrug off attacks on Monsanto GM/cancer trial, *The Grocer*, September 20, 2012
(http://www.thegrocer.co.uk/topics/health/scientists-shrug-off-attacks-on-monsanto-gm/cancer-trial/232696.article)

133 Hammond B, Dudek R, Lemen J, Nemeth M.(2004), Results of a 13 week safety assurance study with rats fed grain from glyphosate tolerant corn, *Food Chem Toxicol* 42(6), pp. 1003-1014

134 Hammond B, Lemen J, Dudek R, Ward D, Jiang C, Nemeth M, Burns J.(2006), Results of a 90-day safety assurance study with rats fed grain from corn rootworm-protected corn, *Food Chem Toxicol* 44(2), pp. 147-160

135 Doull J, Gaylor D, Greim HA, Lovell DP, Lynch B, Munro IC.(2007), Report of an Expert Panel on the reanalysis by of a 90-day study conducted by Monsanto in support of the safety of a genetically modified corn variety (MON 863), *Food Chem Toxicol* 45(11), pp. 2073-2085

136 Ben Hirschler and Kate Kelland, Study On Monsanto Genetically Modified Corn Draws Skepticism, Reuters, Sep 19, 2012

137 Fiorella Belpoggi, Ramazzini Institute, European Parliament, December 9, 2011, pp. 13-16
(http://www.ramazzini.it/ricerca/admin/docup/Bruxelles%209-12-2011%20FB.pdf)

138 The OECD Guidelines for the Testing of Chemicals
(http://www.oecd-ilibrary.org/environment/oecd-guidelines-for-the-testing-of-chemicals-section-4-health-effects_20745788)

139 EFSA, EFSA publishes initial review on GM maize and herbicide study,

Press Release, October 4, 2012

140 European Food Safety Authority; Final review of the Séralini et al., publication on a 2-year rodent feeding study with glyphosate formulations and GM maize NK603 as published online on 19 September 2012 in Food and Chemical Toxicology, *EFSA Journal* 2012; 10(11): 2986

141 Sarah Boseley, Renowned cancer scientist was paid by chemical firm for 20 years, *The Guardian*, December 8, 2006

142 Charles M Benbrook(2012), Impacts of genetically engineered crops on pesticide use in the U.S. - the first sixteen years, *Environmental Sciences Europe* 24: 24
(http://www.enveurope.com/content/pdf/2190-4715-24-24.pdf)

143 GM Watch, Why science won't give us the answers on GMOs-agro expert, GM Watch, October 12, 2012

144 Teague C, RJ Reynolds, Survey of Cancer Research with Emphasis Upon Possible Carcinogens from Tobacco, 2 February, 1953
(Available from: http://tobaccodocuments.org/youth/CnHmRJR19530202.St.html)

145 Sterling TM, The Effect of Interview Bias on the Attempts to Measure the Relationship between Smoking and Health. Report no.2: Evaluation of the Analysis and Procedure of the NHS Interview Data Method, Bates #CTRSP/FILES003743/3765. (Available from: http://legacy.library.ucsf.edu/tid/xpd8aa00/pdf) ; Philip Morris, Proposal to study interviewer bias. Bates # 2075715519/5520 (Available from: http://legacy.library.ucsf.edu/tid/coj37d00/pdf)

146 Trenberth, K.E. et al.(2007), Observations: Surface and Atmospheric Climate Change, *Climate Change 2007: The Physical Science Basis*, Cambridge University Press, pp. 249-250

147 Easterling, W.E., et al.(2007), Food, fibre and forest products, *Climate Change 2007: Impacts, Adaptation and Vulnerability*, Cambridge University Press, Cambridge, pp. 284-285

148 UNFCCC(2002), Climate Change Information Sheet 10: Agriculture and food security

(http://unfccc.int/essential_background/background_publications_htmlpdf/climate_change_information_kit/items/288.php)

149 PJ Crutzen, et al., N2O release from agro-biofuel production negates global warming reduction by replacing fossil fuels Atmos, *Atmospheric Chemistry and Physics Discussions*, September 7, 2007, pp. 11191-11205

150 Searchinger, T. et al., Use of U.S. Croplands For Biofuels Increases Greenhouse Gasses Through Emissions From Land Use Change, *Science*, Vol. 319. no. 5867, Feb 8, 2008, pp. 1238-1240

151 ETC Group(2007.4.30), The World's Top 10 Seed Companies-2006 (http://www.etcgroup.org/en/materials/publications.html?pub_id=615)

152 UN Energy(2007), *Sustainable Bioenergy: A Framework for Decision Makers*, p. 34

153 전찬익·허용준(2008.4.18), 〈왜 선진국은 곡물 수출국인가?〉, 《곡물 파동과 식량위기》, 한국농업정책학회 2008년 제1차 정책토론회 자료집

154 USDA(2008.4.9), World Agricultural Supply Demand Estimate. WASDE-457

155 OECD/FAO, OECD/FAO Agricultural Outlook 207-2016, 2007(김병률·이명기(2008), 〈국제 곡물 가격 상승 전망과 국내 농업 파급 영향〉, 《국제 곡물 가격 상승 영향과 대응 전략》, 한국농촌경제연구원, p. 9에서 재인용)

156 James Randerson, Food crisis will take hold before climate change, warns chief scientist, *The Guardian*, March 7, 2008

157 European Commission Agriculture and Rural Development(2008), *Climate change: the challenges for agriculture*, pp. 4-9

158 윤동진(2008), 〈OECD, 최근 논의동향과 2008년 전망〉, 한국농촌경제연구원, pp. 6-7

159 김종덕(2006), 〈지역 식량 체계를 통한 농업 회생 방안〉, 《한국농촌사회학회 특별 심포지움 자료집》, pp. 23-41

160 Philip Morris, Extramural Research, 1984 [cited 2013 Oct 15]. (http://legacy.library.ucsf.edu/tid/zoz58e00/pdf)

161 Hirayama T, Non-smoking wives of heavy smokers have a higher risk of lung cancer: a study from Japan, *Br Med J* (Clin Res Ed), 1981: 282, pp. 183-186

162 Muggli ME, Hurt RD, Blanke DD, Science for hire: a tobacco industry strategy to influence public opinion on secondhand smoke, *Nicotine Tob Res.*, 2003 Jun: 5(3), pp. 303-314

163 Hong MK, Bero LA, How the tobacco industry responded to an influential study of the health effects of secondhand smoke, *BMJ*, 2002: 325, pp. 1413-1416

164 Muggli ME, Forster JL, Hurt RD, Repace JL, The smoke you don't see: uncovering tobacco industry scientific strategies aimed against environmental tobacco smoke policies, *Am J Public Health*, 2001 Sep: 91(9), pp. 1419-1423

165 Barnoya J, Glantz S., Tobacco industry success in preventing regulation of secondhand smoke in Latin America: the "Latin Project", *Tob Control*, 2002 Dec: 11(4), pp. 305-314

166 Barnoya J, Glantz SA., The tobacco industry's worldwide ETS consultants project: European and Asian components, *Eur J Public Health*, 2006 Feb: 16(1), pp. 69-77

167 Chapman S., Other people's smoke: what's in a name?, *Tob Control*, 2003 Jun: 12(2), pp. 113-114

168 Boyse S., Industry ETS Consultancy Programmes, July 24, 1991 [cited 2013 Oct 15]
(http://legacy.library.ucsf.edu/tid/ynr36b00/pdf)

169 Tong EK., Glantz SA., ARTIST(Asian regional tobacco industry scientist team), Philip Morris' attempt to exert a scientific and regulatory agenda on Asia, *Tob Control*, Dec 13, 2004, Suppl 2:ii, pp. 118-124

170 Dollison J., 1989 2nd Reviced Forecast Presentation-Corporate Affair, June 15, 1989 [cited 2013 Oct 15]
(http://legacy.library.ucsf.edu/tid/fml19e0/pdf)

171 Assunta M., The Tobacco Industry in Japan and its Influence on Tobacco Control, August 2007, the Degree of Doctor of Philosophy (Medicine), School of Public Health University of Sydney, pp. 241-247

172 Garne D., Watson M., Chapman S., Byrne F., Environmental tobacco smoke research published in the journal Indoor and Built Environment and associations with the tobacco industry, *Lancet*, Feb 26-Mar 4, 2005:

365(9461), pp. 804-809

173 Council for Environment and Health, International Conference on Indoor Air Quality, 1987 [cited 2013 Oct 15].
(http://legacy.library.ucsf.edu/tid/yur36b00/pdf)

174 Baek SO., Application for Research Contract, October 20, 1997 [cited 2013 Oct 15]
(http://legacy.library.ucsf.edu/tid/fyg31d00/pdf)

175 Boyse S., Note on a Special Meeting of the UK Industry on Environmental Tobacco Smoke, February 17, 1988 [cited 2013 Oct 15]
(http://legacy.library.ucsf.edu/tid/kvb78b00/pdf)

176 Murray W., Remarks by William Murray Vice Chairman of the Board Philip Morris Companies Inc., April 4, 1989 [cited 2013 Oct 15]
(http://legacy.library.ucsf.edu/tid/bak02a00/pdf)

177 Billings DM., Asia ETS Consultants Project, February 25, 1989 [cited 2013 Oct 15]
(http://legacy.library.ucsf.edu/tid/hfy76b00/pdf)

178 Billings DM., Memorandum to Mr. Rupp. Re: ETS Project Update, April 10, 1989 [cited 2013 Oct 15]
(http://legacy.library.ucsf.edu/tid/uzf87e00/pdf)

179 Rupp JP., Billings DM., Asia ETS Consultant Status Report, February 14, 1990 [cited 2013 Oct 15]
(http://legacy.library.ucsf.edu/tid/kss36b00/pdf)

180 Rupp JP., Letter from John P. Rupp to Mr. Kim Kyu Tae, January 3, 1994 [cited 2013 Oct 15]
(http://legacy.library.ucsf.edu/tid/qxi48d00/pdf)

181 Proctor CJ., First Meeting of Asia ETS Consultants: Thailand June 21-23rd, 1989, July 7, 1989 [cited 2013 Oct 15]
(http://legacy.library.ucsf.edu/tid/lma08a99/pdf)

182 Convington & Burling, Montreal ETS Symposium Confirmed Participants, November 1, 1989 [cited 2013 Oct 15]
(http://legacy.library.ucsf.edu/tid/wof42e00/pdf)

183 Rupp JP., Billings DM., Asia ETS Proiect: Status Report, September 27, 1989

[cited 2013 Oct 15]
(http://legacy.library.ucsf.edu/tid/fxr36b00/pdf)

184 Asia ETS Consultant Project proposed 1990 Budget, Feb 10, 1990 [cited 2013 Oct 15]
(http://legacy.library.ucsf.edu/tid/sij10a99/pdf)

185 Rmaton S., Stauber J., *Trust Us We're Experts: How Industry Manipulates Science and Gambles with Your Future*. 1 edition. New York: Penguin Putnam Inc, 2001, pp.17-22, 79, 121, 238, 252, 295

186 Rose M., Activism in the 90s: changing roles for public relations. *Public Relations Quarterly*, 1991: 36(3), pp. 28-32

187 Third-Party References [cited 2013 Oct 15]
(http://legacy.library.ucsf.edu/tid/jbz62e00/pdf)

188 Baek SO., Application for Research Contract, October 20, 1997 [cited 2013 Oct 15]
(http://legacy.library.ucsf.edu/tid/fyg31d00/pdf)

189 Proposal for Indoor Air Quality Monitoring Study in Korea, October 21, 1993 [cited 2013 Oct 15]
(http://legacy.library.ucsf.edu/tid/iqf42d00/pdf)

190 Walk RA., Observer, August 9, 1995 [cited 2013 Oct 15]
(http://legacy.library.ucsf.edu/tid/wpj67e00/pdf)

191 Baek SO., Kim YS., Perry R., Indoor air quality in homes, offices and restaurants in Korean urban areas-indoor/outdoor relationships, *Atmospheric Environment*, 1997: 31(4), pp. 529-544

192 Zhang M., Is smoking the main factor of indoor air pollution?, June 1999 [cited 2013 Oct 15]
(http://legacy.library.ucsf.edu/tid/wzk73c00/pdf).

193 Regional Recommendations and Funding Requirement [cited 2013 Oct 15]
(http://legacy.library.ucsf.edu/tid/zvj10a99/pdf)

194 Boyse S., Anti-smoking Conference, Korea, 20 August 1991 [cited 2013 Oct 15]
(http://legacy.library.ucsf.edu/tid/fbm18a99/pdf)

195 Industry ETS Consultancy Programmes [cited 2013 Oct 15]

(http://legacy.library.ucsf.edu/tid/rgu07a99/pdf)

196 Rupp JP., Memo from John P Rupp enclosing copy of programs for the meeting, March 20, 1991 [cited 2013 Oct 15]
(http://legacy.library.ucsf.edu/tid/fdh87a99/pdf)

197 Boyse S., Far East ETS Consultancy Programme, March 25, 1991 [cited 2013 Oct 15]
(http://legacy.library.ucsf.edu/tid/edh87a99/pdf)

198 The Bank of Korea, Economic Statistics System [cited 2013 Oct 15]
(http://ecos.bok.or.kr/)

199 Kim YS., Protocol for Indoor Air Quality Evaluation in Seoul, March 31, 1992 [cited 2013 Oct 15]
(http://legacy.library.ucsf.edu/tid/ffj43a99/pdf)

200 Institute of Environmental and Industrial Medicine-Hanyang University, Introduction [cited 2013 Oct 15]
(http://ieim.hanyang.ac.kr/indexA3.html)

201 Kim YS., Note from Yoon Shin Kim to Chris Proctor regarding analysis of samples, June 20, 1990 [cited 2013 Oct 15]
(http://legacy.library.ucsf.edu/tid/iip83a99/pdf)

202 Oregon Health & Science University, Eun Sul Lee, PhD. [cited 2013 Oct 15]
(http://www.ohsu.edu/xd/education/schools/school-of-medicine/departments/clinical-departments/public-health/people/lee.cfm).

203 Perry R., Proposal for an Indoor Air Quality Monitoring Study in Korea, August 23, 1994 [cited 2013 Oct 15]
(http://legacy.library.ucsf.edu/tid/ryu08a99/pdf)

204 Comment to Proposal for an Indoor Air Quality Monitoring Study in Korea by Roger Perry, September 6, 1994 [cited 2013 Oct 15]
(http://legacy.library.ucsf.edu/tid/kia67d00/pdf)

205 Baek SO., Kim YS., Perry R., Indoor air quality in homes, offices, and restaurants in Korean urban areas-indoor/outdoor relationships, *Atmos Environ.*, 1997: 4, pp. 529-544

206 Baek SO., Kim YS., Characterization of Air Quality in Various Types of Indoor Environments in Urban Areas-Focusing on Homes, Offices, and

Restaurants, *J. KAPRA*, Seoul, Korea, 1998: 14(4), pp. 343-360

207 Windholz EL., Asian Workplace Smoking Guidlines, July 29, 1996 [cited 2013 Oct 15]
(http://legacy.library.ucsf.edu/tid/jxi29h00/pdf)

208 Juliette Siegfried, How Bad Is Secondhand Smoke, Really?, Health Guidance for better health, [cited 2013 Oct 15]
(http://www.healthguidance.org/entry/16350/1/How-Bad-Is-Secondhand-Smoke-Really.html.

209 1st Meeting of Asian Regional Tobacco Industry Scientists Team(ARTIST), May 24, 1996 [cited 2013 Oct 15]
(http://legacy.library.ucsf.edu/tid/xxn85c00/pdf).

210 World Health Organization, Guidelines for implementation of Article 5.3 of the WHO Framework Convention on Tobacco Control [cited 2013 Oct 15]
(http://www.who.int/fctc/guidelines/article_5_3.pdf)